U0284043

三峡库区大宁河消落带生态系统研究

李姗泽　王雨春　李小龙　等　著

中国水利水电出版社
www.waterpub.com.cn
·北京·

内 容 提 要

三峡工程是治理、开发和保护长江的关键性骨干工程。自 2003 年蓄水发电以来，三峡工程已全面发挥防洪、发电、航运、水资源利用等综合效益。同时大型水库因拦截作用改变了流域元素循环，也因淹没破坏原有消落带生态系统而导致土壤、植被格局发生重大变化，受到科学界广泛关注。

三峡水库采用"冬蓄夏排"的反自然节律调蓄方式，形成了水位落差高达 30m 的消落带。大宁河是三峡库区左岸一级支流，其消落带面积较大，是开展干湿交替影响下生态系统研究的天然试验场。本书共包括 6 章，分别从大宁河消落带土壤环境特征及其对水位波动的响应，三峡消落带植物分布规律、优势种形态特征及其驱动因素，大宁河消落带优势植物构件的元素分布特征及其影响因素，三峡消落带典型植物狗牙根内生固氮菌群落多样性等方面进行了系统介绍，旨在较为全面地阐释大宁河消落带生态系统土壤-植物-微生物三者之间的相互作用关系。

本书可为开展同类型水库消落带或水陆交错带研究，以及生物地球化学研究的相关人员提供参考。

图书在版编目（CIP）数据

三峡库区大宁河消落带生态系统研究 ／ 李姗泽等著.
北京 ： 中国水利水电出版社，2024. 12. -- ISBN 978-7-
5226-2932-2

Ⅰ．X143

中国国家版本馆CIP数据核字第2024YT8333号

书　　名	**三峡库区大宁河消落带生态系统研究** SAN XIA KUQU DANING HE XIAOLUODAI SHENGTAI XITONG YANJIU
作　　者	李姗泽　王雨春　李小龙　等　著
出版发行	中国水利水电出版社 （北京市海淀区玉渊潭南路 1 号 D 座　100038） 网址：www. waterpub. com. cn E-mail：sales@mwr. gov. cn 电话：(010) 68545888（营销中心）
经　　售	北京科水图书销售有限公司 电话：(010) 68545874、63202643 全国各地新华书店和相关出版物销售网点
排　　版	中国水利水电出版社微机排版中心
印　　刷	北京中献拓方科技发展有限公司
规　　格	184mm×260mm　16 开本　9.5 印张　231 千字
版　　次	2024 年 12 月第 1 版　2024 年 12 月第 1 次印刷
定　　价	**78.00 元**

前　　言

三峡工程是治理、开发和保护长江的关键性骨干工程。自2003年蓄水发电以来，三峡工程已全面发挥防洪、发电、航运、节能减排、水资源利用等综合效益。同时大型水库因拦截作用改变了流域元素循环，也因淹没破坏原有消落带生态系统而导致土壤、植被格局发生重大变化，受到科学界广泛关注。

水库消落带位于水陆交错带，是伴随水利工程兴建而形成的新的生态系统。针对消落带的研究相较于自然河湖起步晚，研究相对薄弱。我国拥有9万多座水库，水库已成为内陆水文系统的重要蓄水单元，消落带在蓄水、调节径流、减缓水流和风浪侵蚀、沉积物的截留与转移、减少水土流失、过滤污染物等方面发挥着重要的生态作用，然而由于水利工程自身的空间异质性、多样性和复杂性等特征，加上地质条件及人为活动的干扰，使得消落带在不同程度上面临着复杂多样的生态环境问题。

三峡水库采用"冬蓄夏排"的反自然节律调蓄方式，形成了水位落差高达30m的消落带。大宁河是三峡库区左岸一级支流，发源于巫溪县高楼乡龙洞湾，在巫峡西口注入长江，长约202km，流域面积达4415km²，年平均降水量1000mm以上，年均气温19.8℃。三峡水库蓄水之前，大宁河整条河流河道较窄，流速较快，落差较大。三峡水库蓄水后，大宁河中下游水体受到回水影响，回水长度40~60km，深度增加，大昌至巫山河口水深35~75km，河水流速小于0.1m/s；龙溪镇以上的河段不受三峡水库回水影响，平均水深不超过2m。大宁河消落带面积较大，是开展干湿交替影响下生态系统研究的天然试验场。

本书共包括6章，旨在较为全面地介绍大宁河消落带生态系统土壤—植物—微生物三者之间的相互作用关系，为开展同类型水库消落带或水陆交错带研究以及生物地球化学研究提供参考。第1章为绪论，主要介绍了消落带的概念、分类、研究热点等，同时介绍了三峡水库消落带概况；本章节主要由李姗泽、王雨春、陈铭完成撰写。第2章为大宁河消落带土壤环境特征及其对水位波动的响应，主要介绍了大宁河大昌湖湿地不同高程、不同剖面的土壤理化性质随时间和空间的变化规律；本章节主要由李姗泽、李小龙、谢湉、刘轶杰完成撰写，杜鹏程、蔡爱民协助完成采样工作。第3章为三峡消落带植物分布规律、优势种形态特征及其驱动因素，主要介绍了三峡库区消落带的常见植物物种，调查了大宁河消落带植被分布情况，分析了不同高程梯度上的优势植物狗牙根形态特征，辨识了主要驱动因素；本章节主要由李姗泽、李小龙、魏泽慧完成撰写，刘轶杰、杜鹏程、蔡爱民协助完成采样工作。第4章为大宁河消落带优势植物构件的元素分布特征及其影响因素，主要介绍了大宁河消落带优势植物狗牙根不同植物构件根、茎、叶中的元素含量及其在不同高程梯度上的分布情况；本章节主要由李姗泽、谢湉、李小龙完成撰写，刘轶杰、杜鹏程、蔡爱民协助完成采样工作。第5章为三峡消落带典型植物狗牙根内生固氮菌群落多样性，主要介绍了大宁河流域上、中、下游，消落带不同高程及月份下的优势植物狗牙根内生固氮菌的多样性分布情况，证实了狗牙根具有额外的氮固定机制；本章节主要由李姗泽、胡乐晨、王雨春、赵建伟完成撰写，温洁、包宇飞协助完成采样工作。第6章为结论与展望，主要介绍了消落带的未来发展及研究方向，本章节主要由李姗泽、王雨春、温洁、包宇飞、张家晖完成撰写。

本书得到了国家重点研发计划（2023YFC3205904）、国家自然科学基金项目（51809287）、青年人才托举工程项目（2022QNRC001）的资助。由于作者学识水平所限，错误与不当之处在所难免，恳请读者反馈指正（lishanze@126.com）。

作者

2024 年 8 月

目　　录

第1章 绪论

1.1 研究背景和意义

流域水生态系统中生物地球化学过程复杂，受到大气干湿沉降、生物富集、人为排放等多种因素的影响。元素转化机制具有极大的不确定性（Weissteiner et al.，2013；杨丹等，2016）。通常意义上，河流、湖泊等自然消落带湿地具有频繁的干湿交替环境，被认为是元素转化作用的活跃区域（Hotspot）（Hefting et al.，2006），成为清除流域水体中污染物的重要场所（Newbold et al.，2010；Sweeney and Newbold，2014；Laudon et al.，2016）。人类建造大坝和蓄水水库已有上千年的历史，为人类社会带来了诸多便利，如控制洪水、提供水源、灌溉、娱乐、航运及水力发电等。在过去60年里，大坝和蓄水水库的数量呈显著上升趋势，目前在全球范围内具有大约5万个"大型水坝"（高于15m的水坝属于"大型水坝"）（Berga et al.2006；Lehner et al.，2011；Zarfl et al.，2015）。河湖岸带生态系统中的全球生物多样性是由水文过程和水文扰动机制的地理变化产生和维持的，这在很大程度上反映了气候和地质的区域差异。人类对大坝水库的广泛建设极大地抑制了河流湖泊水位的季节性和年际流量变化，从而改变了大陆到全球范围内生态重要流动的自然动态（Poff et al.，2007），也就促进形成了一类新的水陆交错带生态系统——水库消落带。然而，大型水库消落带由于受到人为调蓄的大幅度、反自然节律的水位波动，严重打破了原有植物群落的分布格局，造成了消落带植物群落的逆向演替，这一过程很可能会颠覆消落带物质转化、元素循环的生态效应。三峡水库在2003年蓄水运行后，其消落带逐渐形成"以禾本科植物为单一优势种"的植被演替格局（Chen et al.，2015；Wen et al.，2017），狗牙根等多年生禾本科植物具有显著的耐淹、耐贫瘠的抗逆特征。水位涨落造成的消落带长期处于干湿交替过程中，从而导致其土壤、植被格局发生重大变化。

本研究以三峡典型库区消落带为研究区，以消落带植物群落与库区水位波动为切入点，探寻水位涨落影响下消落带土壤理化性质和植被的特征差异，并且探究引起这些差异的影响因素，为保护与修复三峡消落带生态系统提供科学支撑。

1.2 研究进展

消落带一词随着大坝和蓄水水库的建造而日益引起人们的关注。消落带位于水陆交错带，是伴随水利工程兴建而形成的新的生态系统。针对消落带的研究相较于自然河湖起步较晚，研究相对薄弱。我国拥有 9 万多座水库，水库已成为内陆水文系统的重要蓄水单元，消落带在蓄水、调节径流、减缓水流和风浪侵蚀、沉积物的截留与转移、减少水土流失、过滤污染物等方面发挥着重要的生态作用，然而由于水利工程自身的空间异质性、多样性和复杂性等特征，加上地质条件及人为活动的干扰，使得消落带在不同程度上面临着复杂多样的生态环境难题。水利工程在满足人类控制洪水、提供水源、灌溉、娱乐、航运及水力发电等功能需求的同时，也引发了一系列的生态环境问题。例如三峡大坝作为人类历史上最大的水利工程，自 2003 年蓄水发电以来受到了极大的关注，其消落带生态系统的脆弱性、边缘性与过渡性极易引发水土流失、泥沙淤积、土壤受水陆交叉污染、生境退化、生物多样性锐减等问题（程瑞梅等，2010）。丹江口水库的水质安全问题是需要保障的最突出问题，消落带是防止污染物进入水体的最后一道生态安全屏障，然而过量的污染物排放有可能使消落带成为水库污染物的"源"（张乐群等，2018）。而澜沧江梯级水库开发管理者则更为关注库周消落带的治理研究，水位变化规律是其关注重点，如何设计良好的水位调节节律，保障植被以最大面积覆盖消落带是其需要突出解决的难题。因此，消落带生态环境问题的研究具有必要性、迫切性和复杂性，对增进民生福祉具有重大的意义。

1.2.1　消落带的形成及分类

1. 消落带的形成

《湿地公约》明确给出了湿地的定义"湿地是指不论其为天然或人工，长久或暂时性的沼泽地、湿原、泥炭地或水域地带，带有静止或者流动，或为淡水、半咸水体者，包括低潮时不超过 6m 的水域"。尽管湿地类型多种多样，但是多水、独特的土壤以及适水的生物活动是其三大基本要素。湿地不仅包括滩涂、盐沼、沙滩等海洋（海岸）型湿地，也包括河流、湖泊、时令河湖等内陆型湿地，还包括水产池塘、水库等人工湿地（崔保山等，2006）。水库消落带属于典型的湿地生态系统，是陆地生态系统和水域生态系统的重要生态过渡带，亦称涨落带、消涨带、消落地等，其英文主要以 Ecotone、Water Level Fluctuation Zone、Riparian Zone、Drawdown Zone、Littoral Zone、Water - Land Transition Zone、Hydro - Fluctuation Belt、Buffers 等为主，主要是水库中由于周期性的水位涨落，而使被水淹没的土地周期性出露水面，成为陆地的一段特殊区域（陈昌齐等，2000；刘浩等，2007）。水库消落带亦指水利工程因运行需要调节水位消涨或自然水系最高水位线与最低水位线之间形成的消落区域（戴方喜等，2006）。

湿地植被具有沿水文或地形特征梯度变化的分带特点。一般湖泊型和河流型淡水湿地植被也呈带状分布，由陆域向水域依次为旱生植物乔木、灌木、中生植物带、两栖植物带、挺水植物带、浮叶植物带、沉水植物带等，逐渐到开阔水域 [图 1 - 1 （a）]。然而，水库消落带作为人工湿地生态系统，由于受人为调控水位波动较大（Gordon et al.，2006；Garófano - Gómez et al.，2017），不具有典型的自然湿地植被格局，没有稳定的植物分带特征。水淹造成消落带原陆生植物死亡，导致植物多样性锐减，植物群落结构相对单一（Gill et al.，2018；Leyer，2005）。对三峡库区的研究显示，水位高达 30m 的涨落、"冬蓄夏排"的反自然节律调节，致使消落带植物由过去的 200 多种，退化到目前较为稳定的以营养根繁殖为主的狗牙根、牛鞭草等少数多年生，或苍耳等一年生禾本科草本植物群落，造成了消落带植物群落的逆向演替（王强等，2009；李兆佳等，2013；Chen et al.，2015；Miao et al.，2017）。因此，三峡等水库消落带由陆域向水域的植被分布呈现"最高运行水位线以上为旱生植物乔木、灌木、中性植物等，最高运行水位线以下至汛限水位以上主要为一年生或多年生草本植物，汛限水位以下主要为开阔水域"[图 1-1 (b)]。

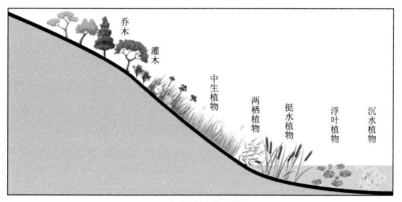

（a）自然河湖水陆交错带

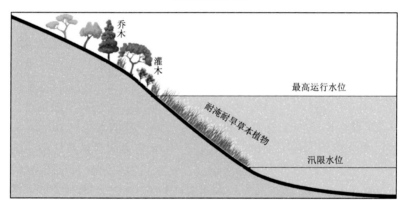

（b）水库消落带

图 1-1　自然河湖水陆交错带与水库消落带植被分布格局

2. 消落带的分类

依据消落带所处流域，消落带从广义上划分为河道堤岸型、湖泊堤岸型和水库岸坡型 3 种类型（刘浩等，2007）。以消落带质地和坡度作为分类指标，将水库消落带可划分为河口型消落带、库湾滩地消落带、土质缓坡消落带、砾质坡地消落带和岩质岸坡消落带 5 种类型（戴方喜等，2006）。根据库区消落带的生态环境和可开发利用综合指标，可将消落带划分为 6 个类型：峡谷陡坡裸岩型、峡谷陡坡薄层土型、中缓坡坡积土型、开阔河段冲积土型、城镇河段废弃土地型和支流尾闾型消落带（夏品华等，2011）。利用地理信息系统（Geographic Information Systems，GIS）技术，以高程变化、库岸坡度和小尺度地形地貌特征为依据可将水库消落带生态类型划分为经常性水淹型（缓坡型、陡坡型）、半淹半露型（缓坡型、陡坡型）、经常性出露型（缓坡型、陡坡型）、岛屿型（常淹型、出露型)、湖盆—河口—库湾—库尾型(湖盆型、河口型、库湾型、库尾型)、峡谷型等 6 大类 12 个亚类(袁辉等,2006)。

1.2.2 消落带研究的重点

消落带从物理结构上具备水陆交错的特点,受到陆域和水域生态系统的交互影响。截至目前,人们对消落带的研究主要集中于以下方面:

(1) 消落带岸坡稳定性问题。在 20 世纪 50—60 年代,人们为了开发水利工程,重点考虑如何开发梯级河流(程学敏,1954),如何合理调节库区水位,维持蓄水保证率(谭培伦等,1957;杨远东,1957);如何维持岸坡稳定,预测筑坝以后水库岸边的坍塌情况及水库淤积情况(阿·恩·切伯塔寥夫等,1954;勒·伯·罗卓夫斯基等,1954)。

(2) 消落带植被演替问题。大型水库消落带由于受到人为调蓄的大幅度、反自然节律的水位波动,严重打破了原有植物群落的分布格局,造成了消落带植物群落的逆向演替,如何对退化的消落带植被进行修复,如何选取适生植物物种是消落带生态修复与重建的重要关注点之一。

(3) 消落带无序利用及移民安置问题。随着区域经济社会的发展,20 世纪 60—70 年代,水库建成初期,人们将注意力逐渐转向了库区及消落带的资源利用,发展渔业养殖,开展畜牧、加工、发电等多项生产,促进工业、农业、林业、畜牧业、副业、渔业全面融合大发展(湖南省水利电力厅,1963)。20 世纪 80—90 年代,人们开始考虑库区移民安置问题(王衍等,1982;王述奎等,1979),同时对库区的土地利用关注热度持续高涨(张代良,1983)。

(4) 污染防治问题。进入 21 世纪以来,消落带的结构和生态功能逐渐受到关注,人们认识到水库在流域中所发挥的重要作用,并且已意识到消落带存在的各种生态环境问题。2003 年钱易在《科学新闻》的院士论坛上发表重要文章"当务之急:防治三峡水库污染"(钱易,2003),文章指出库区生活垃圾、工业固体废物等在岸边消落带随意堆放,沿岸排放大量污水、废水会严重威胁三峡水库水质健康。同年,时任重庆市奉节县县委书记刘本荣也发文表示,人们环保意识淡薄,消落带农业、工业密集,导致库区水质多项指标超标,消落带植被退化,库区污染严重(刘本荣,2003)。

(5) 生态系统健康问题。不同消落带系统具有差异性,并且存在的问题具有复杂性。水库的调节性能直接影响到消落带生态系统的演化,不同水库消落带的影响范围不同。例如三峡工程采取冬蓄夏排的调度方式,水位波动范围约 30m,其消落带面积高达 632km^2,由于其消落带植物生长季刚好处于低水位期,长此以往形成了独具三峡特色的消落带景观[图 1-2 (a)];而澜沧江梯级水库的水位调节节律与三峡恰好相反,冬排夏蓄,导致消落带植物生长季处于高水位运行期,植物无法正常生长,消落带初级生产力低下[图 1-2 (b)]。又如丹江口水库的水位波动范围约 20m,据统计,水位 150~160m 消落带面积为 227.1km^2,水位 160~170m 消落带面积为 194.3km^2(叶松等,2016)。千岛湖的水位波动在 10~15m 范围内,消落带面积在 1 万~1.5 万 hm^2(徐高福等,2006)。

由于水库消落带生态系统是由自然、社会和经济组成的复合生态系统,其所面临的生态环境问题也非常复杂。消落带多样性降低,大多数变化发生在修建水库大坝的最初几十

（a）三峡库区消落带实景　　　　　　　　　（b）澜沧江消落带实景

图 1-2　春季三峡水库和澜沧江水库消落带

年（Nilsson et al.，2000）。消落带除了生物多样性减少外，水文变化还会引发污染加剧、土地资源减少、岸边侵蚀、流行病传播、藻类水华等一系列生态环境问题。由于人地矛盾、所涉系统复杂，不同水库的调水节律不同、水位涨幅不同，消落带治理难度较大。

1.2.3　消落带研究进展

为深入了解我国有关消落带的研究进展情况，利用中国知网（CNKI）以"篇名"为检索项，以"消落带"为主要检索词，精确筛选了 2008—2020 年间"中国学术期刊网络出版总库"发表的相关论文。英文文献以 Web of Science 为主要检索工具，以 Web of Science 核心合集为数据源，检索标题含有"water level""three Gorges""riparian zone""littoral zone"或"drawdown zone"，并且研究区在中国的文章。结合 CiteSpace 可视化图谱软件对以上文献进行了分析。

1. 消落带相关研究文章的发表时间分布

从检索到的中英文文献信息结果可以看出，自 2000 年至 2020 年，中英文论文数量均呈现逐渐递增趋势，2020 年中国知网和 Web of Science 发表的篇名含消落带的文章数量达到最高（图 1-3）。

2. 消落带的主要研究方向及研究热点

根据消落带研究领域文献关键词绘制了研究热点知识图谱，如图 1-4 所示。通过对 2008 年至 2018 年整个研究领域文献高频关键词的分析挖掘出消落带领域的研究热点。主要高频词有消落带、三峡库区、三峡水库、土壤、重金属、狗牙根、分布特征、沉积物、植物群落、植被恢复、淹水、土壤有机碳、磷形态以及溶解性有机质等。目前关于消落带的研究已逐步从基础调查研究向机理和应用层面推进。

消落带是流域环境中最为重要的、关键性的生态过渡带（Wetzel，2001）。消落带研究涉及领域广泛，专家、学者重点关注地质灾害、水位变化、植被与生态、物质循环与环境影响、生态功能以及消落带的保护利用等方面。2010—2020 年，有关消落带的研究大部分集中在消落带植物、土壤方面，少部分涉及消落带温室气体排放、微生物、底栖动物和小型兽类、鸟类、昆虫等方面，也有一些是关于消落带土地利用和渔业利用，以及地质

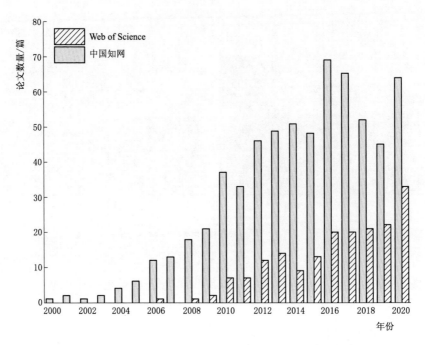

图 1-3　2000 年至 2020 年中国消落带相关研究文章发表数量

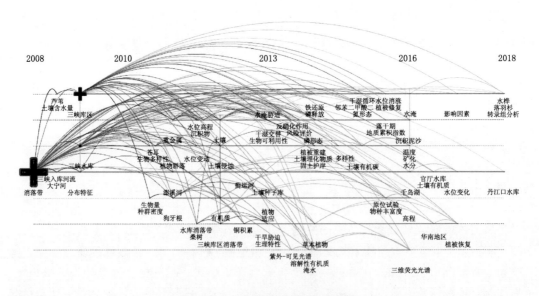

图 1-4　消落带研究热点知识图谱

地貌方向的学者对消落带的地质灾害和水土保持情况的研究。2010—2020 年消落带主要研究方向如图 1-5 所示。

1.2.4　消落带水文物理特征

消落带生态系统中的生物多样性是由水文过程和水文扰动下的岸带地质等方面变化产

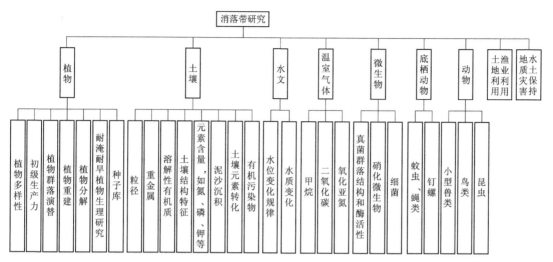

图 1-5　2010—2020 年消落带主要研究方向

生和维持的（Poff et al.，2007）。作为重要的蓄水空间，消落带的水文特征研究至关重要，适宜的水文条件是消落带生态系统健康的重要保障。消落带对水文循环的变化特别敏感，并且是大坝运行造成的环境变化的良好指标。消落带生态系统的健康与湿地生态系统相似，可以通过水文、植被和土壤 3 项指标进行识别，其中，水文特征是决定性因素，其能有效促成其他 2 个消落带特征（崔保山等，2006）。水文情势制约着消落带土壤的诸多生物化学特征，水是生态系统中最为重要的物质迁移的媒介，影响着消落带生态系统中的元素循环与转化、物质的截留与释放、污染物净化、沉积物输移等生物地球化学过程（Costi et al.，2018）。

水位在短时间内的大幅涨落变化会对消落带产生较为强烈的土壤侵蚀淤积影响。Evtimova 和 Donohue 发现具有高水位波动的湖泊比低水位波动的湖泊具有明显更粗糙的消落带基质和较低的植被覆盖率（Evtimova et al.，2016）。Furey 等比较了相邻相似的饮用水水库（Sooke）和自然湖泊（Shawnigan）的水和沉积物的时空变化情况。水库水位变化超过 6m，而自然湖泊的水位变化少于 1m。因此 Sooke 水库消落带的面积和高度显著高于自然湖泊消落带，在近岸带，Sooke 水库消落带与自然湖泊消落带相比，具有较低的水生植物物种丰度，且损失了大量的精细沉积物、营养物质和有机质（Furey et al.，2004）。

三峡水库是我国特大型水库，正常蓄水位 175m，总库容 393 亿 m^3，防洪库容 221.5 亿 m^3。库区面积 5.79km^2。三峡水库 175m 水位水库面积 1084km^2，消落带面积 632km^2，其中，重庆市消落带面积 471km^2，占 75%。从三峡初期蓄水（2006 年）和运行稳定后（2018 年）水文情况可以看出（图 1-6），三峡水位波动范围高达 30m。三峡水库的上游水位从每年 4 月开始明显下降，5 月至 9 月初为水位较低时段，此时的消落带面积出露面积最大，9 月末水位又迅速上升。自 2008 年三峡蓄水位由 156m 提升至 175m 以来，库区发生了数十次地灾险情，水文情势的反自然节律变化给脆弱的消落带生态系统带来一系列的生态环境问题，如滑坡、危岩、泥石流、塌陷等地质灾害，数次阻断长江航道，造成了严重的社会经济损失，严重威胁库区人民群众的生命财产安全（高磊，2018）。

如何合理调节水文节律，安全运行水库，保障消落带生态系统健康和持续发展，保证库区人民群众的生命财产安全是需要长期解决的问题。

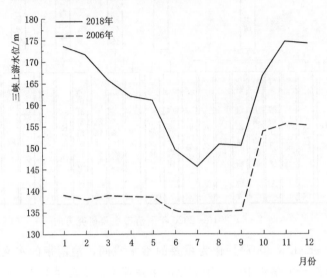

图 1-6　三峡初期蓄水（2006 年）和运行稳定后（2018 年）水文情况

1.2.5　消落带植被演化特征与生态修复

1. 消落带植被演化特征

植被是消落带生态系统的重要组成部分，不仅提供重要的初级生产力，为消落带生物提供栖息场所，同时是动植物迁徙的生态廊道，可以有效防止水土流失，对污染物具有强烈的过滤缓冲作用，在稳定河岸，保护生物多样性、促进生物地球化学循环等方面具有重要的生态价值（冯义龙，2007）。植被是生态环境变化敏感的指示器，植被演替理论是指导退化湿地植被恢复的重要理论基础。相对于其他生态系统，湿地植被的演替速度较快，达到稳定状态所需时间相对较短，为 15～20 年（肖霄等，2018；马良等，2017）。在湿地中的研究表明，植物带状分布是物理胁迫和种间竞争共同调控的产物（Bertness et al.，2000；Crain et al.，2004；Pennings et al.，2005），植物间存在本性的、在胁迫耐受力和竞争响应能力之间的权衡，一种植物不能同时为胁迫耐受种和竞争优势种（Bertness 1991a；1991b），因此，竞争优势种占据高程较高的良性生境而排除竞争劣势种于高程较低的恶劣生境中，最终形成植物带状分布（Emery et al.，2001）。部分关于湿地的最新研究表明，物理性胁迫和种间竞争的相对重要性，不同的物理性胁迫因子之间的相对重要性在不同的区域中并不一致（He et al.，2009；Pennings et al.，2001）。也有研究表明，资源性因子如氮素等营养盐水平也可能改变植物的竞争能力，从而影响到植物间的相互作用结果（Levine et al.，1998；Emery et al.，2001），进而影响到植物的带状分布。消落带作为人工湿地生态系统，其植被演替受水位调节节律、人为干扰的持续时长、干扰发生的时间以及消落带的破坏程度和所选取的恢复方式等影响。由于不同水库的水位调节节律不同，因此很难总结出消落带植被演替的一般规律，但某一水库消落带生态系统在相同的水位调节节律下运行多年后也会形成相对稳定的消落带植被。如三峡库区消落带的植物群落在 30m 的水位波动影响下发生了逆向演替，原生陆生植物因无法耐受水淹胁迫而死亡，从而导致原有大量植被退化，而耐淹耐旱一年生或多年生草本植物成为消落带区域的主要植被。

2. 消落带植物的生态修复

相对于其他天然河湖消落带，水库消落带受人为影响较大，水位波动幅度较大，生境较为特殊，生态相对脆弱，严重影响着库区周边的生态环境，因此库区消落带植被恢复重建成为重要的研究方向之一（徐高福等，2006；Ye et al.，2014）。目前，消落带植物的研究主要从宏观和微观两个层面展开。宏观层面上，植物学家、生态学家等对消落带的植物物种多样性、群落结构、种子库、生物量等开展了广泛调查，然而极少数研究能够对消落带的植物群落进行长期、持续的监测。微观层面上，大部分学者研究了消落带植物对水淹和干旱交替胁迫下的生理响应，从而挑选出适生植物物种进行消落带的修复和重建。以三峡库区为例，水位波动范围在 145～175m 之间，淹水时间长达半年之久，导致原有大量植被退化。退水后的消落带完全暴露在炎热干旱的夏季，干旱给消落带的植物生长带来了极大的胁迫。在淹水条件下，氧气匮乏是阻碍植物生长的主要因素，植物的生长、光合作用及代谢等生理过程同样受到限制，水淹敏感性植物死亡率显著升高（Kozlowski et al.，2002；Colmer et al.，2008；王海锋等，2008）。而耐淹植物物种可通过形成不定根、通气组织、形成气膜等抗逆机制促进水下光合能力等方式来提高植物的水下存活率，或者通过促进茎伸长等方式来适应水淹胁迫（Kozlowski et al.，2002；Colmer et al.，2008；王海锋等，2008）。在干旱条件下，植物生长发育均受抑制，耐旱种可通过提高水分利用效率，增加脯氨酸等渗透调节物质维持生长（靳军英等，2011）。作为植物生命活动最重要的过程之一，光合作用变化在一定程度上能反映出植物的生长状况（韩文娇等，2016）。因此，库区消落带植被修复重建成功的关键是清楚地了解植物的抗逆生理机制，科学筛选出可以耐受水淹和干旱胁迫条件的两栖性物种。在水淹—干旱交替胁迫影响下的植物先锋物种如何高效利用土壤中的营养物质，在消落带的植被恢复中同样值得深入研究。

1.2.6　消落带物质循环及环境保护

消落带是物质转化的"地球化学热区"（Biogeochemical Hotspot）（McClain et al.，2003；Zhu et al.，2013），土壤是消落带元素循环和迁移转化的重要媒介。土壤在消落带研究中占据了很大的比重，研究热点主要集中研究土壤氮、磷等元素以及重金属等（Ye et al.，2019）。已有大量研究探索了消落带营养物质循环、沉积物的理化性质变化等情况（Hefting et al.，2006；Wang et al.，2012；Zhang et al.，2019）。水位调节造成的干湿交替影响下的消落带土壤理化性质是最常见的研究内容之一。消落带生态环境质量受到高度关注，三峡水库开展了较为系统的消落带土壤环境调查与研究，关注的要素包括土壤含水率、容重、有机质、全氮、全磷、速效钾、酸碱度、孔隙度、重金属铅、铬、镉、汞、铜、锌、砷等（常超等，2011；吕明权等，2015；孙虹蕾等，2018；Ye et al.，2019b）。

土壤微生物在消落带生物地球化学循环方面发挥着重要的推动作用（Welsh，2000；Castelle et al.，2013；程丽，2016）。土壤微生物常被比拟为碳、氮、磷、硫等营养元素循环的"转化器"，环境污染物的"净化器"，生态系统稳定的"调节器"（宋长青等，2013）。祝贵兵等在干湿交错的稻田生态系统中首次报道了厌氧氨氧化过程，并在白洋淀湖泊岸边土壤中发现了厌氧氨氧化反应的热点微区（Zhu et al.，2011；Zhu et al.，2013），而在水库消落带是否存在同样的厌氧氨氧化反应热区，尚未见相关研究报道。

丛枝菌根真菌是一类专性营养共生的土壤微生物，在消落带生态系统中分布极其广泛，能与地球上80%的植物形成复杂而紧密的互利共生关系，其可以有效增加植物对土壤氮、碳、磷等元素的摄入，提高寄主植物对根部寄生菌和污染环境的抗逆性，加速土壤的聚合稳固和植被修复重建（罗协，2015）。自然河流、湖泊、潮滩湿地等生态系统中氮的迁移转化及循环过程主要由微生物参与完成（Richardson et al.，2009；Racchetti et al.，2017）。已有研究表明，微生物反硝化作用可以从河岸生态系统以 N_2 的形态永久地去除多余的氮（Sirivedhin et al.，2006），约占河岸带硝酸盐（$NO_3 - N$）总损失的82%（Kreiling et al.，2011）。但是在消落带生态系统中的相关研究尚处于起步阶段，还未曾估算微生物反硝化作用对消落带生态系统中氮的去除率。

水库大坝的建设在人类发展历史上发挥着不可替代的作用，具有供电、蓄水、防洪等多重作用，然而随着近几十年气候变化问题中温室气体排放问题日益突出，人们逐渐将注意力转移到水利工程上，库区消落带究竟对温室气体的贡献有多大？近年来有十几篇文章阐述了有关消落带温室气体排放的研究，主要针对消落带的 CH_4、CO_2 和 N_2O 的排放通量进行观测，多采用静态暗箱—气相色谱法、原状土柱培养法（吴玉源，2012；杨萌，2016）。研究表明，水位波动通过影响土壤的理化性质，特别是土壤含水率，进而对土壤微生物和温室气体通量产生影响（杨萌，2016）。由于我国消落带温室气体研究起步相对较晚，缺乏水利工程修建前与运行后的温室气体排放数据比较，因此尚不能下结论。消落带周期性的水位波动，其不同植被群落、不同土地利用类型，以及不同高程梯度和季节变化，均会对温室气体的排放产生影响，因此长时间序列、不同背景下的消落带温室气体排放尚需进行大量的监测。

1.2.7 消落带生态服务功能可持续发展

生态系统服务被定义为人们从生态系统中获得的利益，以及生态系统对人类福祉的直接和间接的贡献。生态系统服务的概念同人与自然的联系有关，其揭示了生态系统功能和生物多样性在支持人类多重利益方面的关键作用（Grizzetti et al.，2016）。为了达到消落带生态服务功能的可持续发展，要坚持人与自然和谐共生的基本准则，充分认识消落带生态服务功能的重要性和特殊性，认识消落带生态环境问题的严峻性和复杂性。探索研究自然与水库消落带生态系统之间的联系可以有效改善和更加可持续地管理生态系统。未来各位专家学者可以逐步探索并促进消落带生态系统科学的发展。充分融合河流水文学、流域生态学、河流地貌学和水动力学等交叉学科，梳理水文学、生态学、地貌学和水利工程等多种范式，结合水生态学、水文地貌学、地质力学和生态水力学等多领域，探究河流水质、流量和时间、河网、河流廊道、生态地貌、物理栖息地、生物种群、潜流动物、底栖动物、泥沙输移等多个关键研究要点，为人们深入认识消落带生态系统及其生态服务功能做好铺垫（图1-7）。

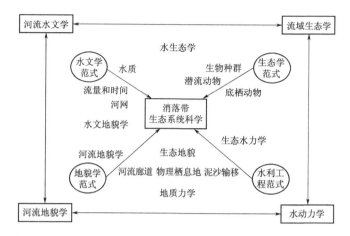

图1-7 基于河流水文学、流域生态学、河流地貌学和水动力学的
消落带生态系统科学的发展

（改自 Gilvear et al.，2016）

水库消落带生态系统可提供诸如重要鱼类生产、供水、水净化和娱乐等的生态系统服务。但消落带的周边多为人类活动频繁区，堤坝建设、城镇开发、居民生活、农田开垦、旅游发展等多集中在水库消落带区域，一系列的生态环境问题日益凸显。消落带生态系统要达到理想上的健康且生态服务功能可持续，需要具备以下特征：在结构上保持较高的物质多样性、生化多样性、结构多样性和空间异质性；在能量学方面，生产量高，系统存储的能量高，食物链多为网状；在物质循环方面，健康生态系统中总有机质储存多，矿质营养物质循环较为封闭，无机营养物质多储存在生物库中；在稳定性方面，由于健康生态系统组成和结构复杂，生态联系和生态学过程多样化，因此对外界干扰抵抗力强，恢复力较高，具有良好的自我维持能力；对毗邻的生态系统没有危害；健康的生态系统的运作方式多种多样，与人类经济活动密切相关，且有利于人类社会经济的健康发展（Costanza et al.，1999；黄川，2006）。

1.3 三峡库区概况

1.3.1 地理位置

三峡工程是中国最大的水利枢纽工程，工程坝址位于长江西陵峡中段、湖北省宜昌市三斗坪。三峡水库是我国特大型水库，正常蓄水位175m，总库容393亿 m^3，防洪库容221.5亿 m^3，范围涉及湖北省宜昌夷陵区、秭归、兴山、巴东等4个县（区），重庆市巫山、巫溪、奉节、云阳、开县（现为开州）、万州、忠县、石柱、丰都、武隆、涪陵、长寿、渝北、巴南以及重庆市7个主城区、江津市等县（市、区）。库区面积5.79km²。三峡水库175m水位水库面积1084km²，淹没陆地632km²，其中，重庆市淹没的陆地面积471km²，占75%。

1.3.2　地形地貌

三峡库区跨越川、鄂中低山峡谷和川东平行岭谷低山丘陵区,北靠大巴山,南依云贵高原,处于大巴山断褶带、川东褶皱带和川鄂湘黔隆起褶皱带三大构造单元交汇处。沿江以奉节为界,两端地貌特征迥然不同,西段主要为侏罗系碎屑岩组成的低山丘陵宽谷地形,总体地势西高东低。库区地貌是以丘陵、山地为主,垂直差异大,层状地貌明显;地势南北高、中间低,从南北向河谷倾斜的地貌,构成以山地、丘陵为主的地形状态,地形高低悬殊,地貌结构复杂。山脉从奉节一带高程近 1000m,至长寿附近逐渐降至 300~500m。东段主要为震旦系至三叠系碳酸盐组成的川鄂山地,一般高程 800~1800m。库区内河谷平坝约占总面积的 4.3%,丘陵占 21.7%,山地占 74%。

1.3.3　气候气象

三峡库区属湿润亚热带季风气候,具有四季分明,冬暖春早,夏热伏旱,秋雨多,湿度大、云雾多和风力小等特征。库区年有雾日达 30~40 天,库区年平均气温 17~19℃,无霜期 300~340 天,年平均气温西部高于东部。三峡库区各站年平均降水量一般在 1045~1140mm,年平均降水量以万州最大,达 1228.0mm;秭归最小,为 1001.3mm。空间分布相对均匀,时间分布不均,主要集中在 4—10 月,约占全年降水量的 80%,且 5—9 月常有暴雨出现。

1.3.4　水文水系

三峡水库长江段自重庆的江津市羊石镇,至宜昌三斗坪共计约 660km,河道平均坡降0.23%,落差 56m,最宽处 1500m,最窄处 250m。库区内江河纵横、水系发达,仅重庆市境内流域面积大于 1000km² 的河流 36 条。嘉陵江和乌江是库区最大的两条支流,香溪河是湖北省境内最大支流。三峡水库库区主要支流特征见表 1-1。

表 1-1　　　　　　　　　　三峡水库库区主要支流特征

地区	编号	河流名称	流域面积/km²	库区境内长度/km	年均流量/(m³/s)	入长江口位置	距大坝距离/km
江津	1	綦江	4394	153	122	顺江	654
九龙坡	2	大溪河	195.6	35.8	2.3	铜罐驿	641.5
巴南	3	一品河	363.9	45.7	5.7	渔洞	632
	4	花溪河	271.8	57	3.6	李家沱	620
渝中区	5	嘉陵江	157900	153.8	2120	朝天门	604
江北	6	朝阳河	135.1	30.4	1.6	唐家沱	590.8
南岸	7	长塘河	131.2	34.6	1.8	双河	584
巴南	8	五布河	858.2	80.8	12.4	木洞	573.5
渝北	9	御临河	908	58.4	50.7	骆渍新华	556.5

续表

地区	编号	河流名称	流域面积/km²	库区境内长度/km	年均流量/(m³/s)	入长江口位置	距大坝距离/km
长寿	10	桃花溪	363.8	65.1	4.8	长寿河街	528
	11	龙溪河	3248	218	54	羊角堡	526.2
涪陵	12	梨香溪	850.6	13.6	13.6	蔺市	506.2
	13	乌江	87920	65	1650	麻柳嘴	484
	14	珍溪河	—	—	—	珍溪	460.8
丰都	15	渠溪河	923.4	93	14.8	渠溪	459
	16	碧溪河	196.5	45.8	2.2	百汇	450
	17	龙河	2810	114	58	乌杨	429
	18	池溪河	90.6	20.6	1.3	池溪	420
忠县	19	东溪河	139.9	32.1	2.3	三台	366.5
	20	黄金河	958	71.2	14.3	红星	361
	21	汝溪河	720	11.9	11.9	石宝镇	337.5
万州	22	壤渡河	269	37.8	4.8	壤渡	303.2
	23	苎溪河	228.6	30.6	4.4	万州城区	277
云阳	24	小江	5172.5	117.5	116	双江	247
	25	汤溪河	1810	108	56.2	云阳	222
	26	磨刀溪	3197	170	60.3	兴河	218.8
	27	长滩河	1767	93.6	27.6	故陵	206.8
奉节	28	梅溪河	1972	112.8	32.4	奉节	158
	29	草堂河	394.8	31.2	8	白帝城	153.5
巫山	30	大溪河	158.9	85.7	30.2	大溪	146
	31	大宁河	4200	142.7	98	巫山	123
	32	官渡河	315	31.9	6.2	青石	110
	33	抱龙河	325	22.3	6.6	埠头	106.5
巴东	34	神龙溪	350	60	20	官渡口	74
秭归	35	青干河	523	54	19.6	沙镇溪	48
	36	童庄河	248	36.6	6.4	邓家坝	42
	37	咤溪河	193.7	52.4	8.3	归州	34
	38	香溪河	3095	110.1	47.4	香溪	32
	39	九畹溪	514	42.1	17.5	九畹溪	20
	40	茅坪溪	113	24	2.5	茅坪	1
	41	泄滩河	88	17.6	1.9	—	—
	42	龙马溪	50.8	10	1.1	—	—
宜昌	43	百岁溪	152.5	27.8	2.6	偏岩子	—
	44	太平溪	63.4	16.4	1.3	太平溪	

　　库区径流量丰富，年径流量主要集中在汛期，入库多年平均径流量为 2692 亿 m³，出库多年平均径流量为 4292 亿 m³。库区当地天然河川多年平均径流量为 405.6 亿 m³，径流系数为 0.56。其中，地下径流量为 84.33 亿 m³，占河川径流量的 21%。

　　库区内水位年变幅大。各河段因河道形态等特征不同，年内水位变幅达 30～50m。库区河道洪峰陡涨陡落，汛期水位日上涨率可达 10m，水位日降落率可达 5～7m。库区河道水面比降大、水流湍急，平均水面比降约为 2‰，急流滩处水面比降达 1‰以上。峡谷段水流表面流速洪水期可达 4～5m/s，最大达 6～7m/s，枯水期为 3～4m/s。

　　三峡大坝蓄水前，库区干流自然河岸带的垂直落差为 10～47m，支流自然河岸带的垂直落差一般小于 10m；大坝蓄水后，库区形成新的消落带，垂直落差为 30m，总面积达 348km²。三峡大坝的理论调水节律是：每年 9 月底，水位由 145m 上升到 175m，在 175m 保持 3 个月（9 月底至 12 月底），从 12 月底到次年 5 月水位由 175m 逐渐下降到 145m，并且保持到 9 月底（图 1-8）。但是实际水位调度结果是，夏季植物生长期出现短暂且频繁的水位上升状况。三峡大坝于 2006 年和 2007 年进行实验性蓄水至 156m，2008 年蓄水至 173m，2009 年蓄水至 175m。所以，到 2010 年三峡水库消落带才真正形成。三峡工程

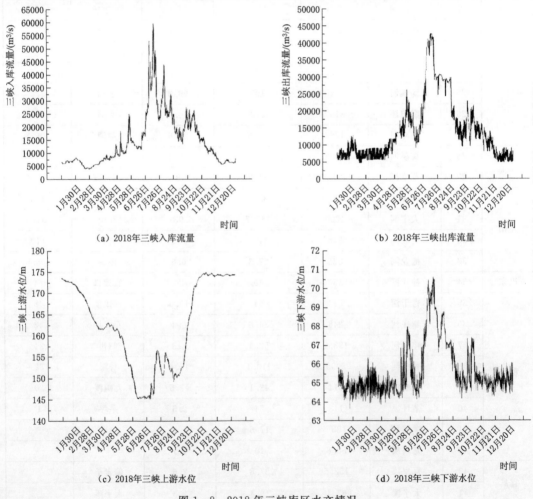

图 1-8　2018 年三峡库区水文情况

建成并蓄水至 175m 水位运行后，由三峡大坝经万州至重庆主城全长约 660km 的河段形成的狭长型水域即为三峡水库。水库总库容为 393 亿 m³，防洪库容为 221 亿 m³，水面面积 1084km²。三峡水库位于长江上游四川盆地东部。库区属中亚热带季风性湿润气候，年均降水量 1120mm；年平均气温 16.3～18.2℃，高温时间多；无霜期 300～340 天；日照时间偏少，大部分地区年日照时间为 1200～1600h。

消落带是三峡库区的重要组成部分。消落带分布在 26 个区县，其中包括重庆主城核心区（渝中区、江北区、大渡口区、沙坪坝区、南岸区、九龙坡区、北碚区）和巴南、渝北、江津、长寿、忠县、涪陵、丰都、武隆、石柱、万州、开县、云阳、奉节、巫山、巫溪以及湖北省宜昌市的夷陵区、秭归县、兴山县、恩施自治州的巴东县（张丽，2011）。

据张丽（2011）空间数据库统计可知，三峡库区消落带总面积约 346.90km²、重庆库区消落带面积 303.16km²，湖北库区消落带面积 43.74km²，分别占消落带总面积的 87.39％、12.61％；175m 岸线长 5.578×10³km，重庆库区岸线长 4.881×10³km，湖北库区岸线长 696.78km。三峡水库消落带区县分布情况见表 1-2。

表 1-2　　　　　　　　　三峡水库消落带区县分布情况

区县名称	面积/km²	比例/%	区县名称	面积/km²	比例/%
江津	0.460	0.13	忠县	33.731	9.8
渝中	2.228	0.65	万州	29.875	8.68
大渡口	2.120	0.62	云阳	36.404	10.58
江北	5.927	1.72	开州	42.304	12.29
沙坪坝	0.252	0.07	奉节	24.414	7.09
九龙坡	0.250	0.07	巫溪	1.529	0.44
南岸	3.356	0.98	巫山	24.853	7.22
北碚	0.753	0.22	巴东	10.874	3.16
渝北	6.564	1.91	秭归	27.377	7.96
巴南	10.101	2.93	夷陵	5.614	1.63
长寿	7.489	2.18	兴山	2.297	0.67
涪陵	41.832	12.15	湖北库区	46.162	13.41
武隆	1.225	0.35	重庆库区	298.055	86.59
丰都	17.644	5.13	三峡库区合计	344.217	100
石柱	4.744	1.38			

数据来源：重庆生态绿皮书（2021）。

1.3.5 环境情况

1. 蓄水前后三峡水库水环境状况

据本书编写组十二五水专项研究成果，以揭示三峡水库 175m 高水位运行后水生态环境动态变化为重点，在跟踪监测和资料分析的基础上，整体描述了三峡水库蓄水前后（1998—2017 年）水环境质量变化动态。

三峡干流水质总体良好稳定，175m 蓄水后显著改善三峡工程 2003 年蓄水后，三峡水库干流水质总体优于蓄水前（1998—2017 年资料），断面水质等级以 Ⅱ～Ⅲ 类为主，Ⅲ 类水达标率 82%。三峡工程 175m 水位运行后，三峡干流水质进一步改善，2010 年优于 Ⅲ 类水的比例为 88%（年平均）。受工程调度调蓄控制，三峡水库水位在 145～175m 范围升降，枯期高水位运行阶段（11 月至次年 12 月）干流水质优于 Ⅲ 类的比例为 100%，汛期低水位运行阶段（7—9 月）Ⅲ 类水比例 71.7%；库尾寸滩、清溪场断面出现 Ⅳ～Ⅴ 类水。

支流回水区水质达标率低，175m 蓄水后无改善。与干流形成鲜明对比，蓄水后三峡水库支流回水区断面，水质达标率显著降低（GB 3838—2002 湖泊标准），主要以 Ⅳ～劣 Ⅴ 类为主，满足 Ⅲ 类水的断面不足 30%。175m 水位运行后，支流回水区水质状态仍呈继续下降趋势，其中，库区珍溪河和苎溪河等支流连续 5 年监测的所有断面均为 Ⅴ～劣 Ⅴ 类水。

三峡工程蓄水后水动力情势变化是影响水质的主因。蓄水后三峡水库干流流速从 1.8～2.3m/s 降至 0.4～0.8m/s，但是由于来流量大及库区地形特点，使干流保持基本不分层的河流混合流态。水质模拟结果表明，蓄水后泥沙沉积增强和一定强度水体混合，使干流环境容量增加 10%～35%，有利于水质改善。相反，支流受到干流水团顶托的影响，回水区流速进一步降低至 0.002～0.08m/s，过低的流速导致污染物不易扩散，水体富营养化加重，同时也由于采用了更为严格湖泊评价标准，导致了支流回水区水质等级显著降低。

三峡水库蓄水后干、支流水生态"异化发育"。三峡工程蓄水后，库区干流、支流初级生产力和浮游植物群落均发生了显著变化。干流与支流相比，支流生物量显著增加和群落组成明显改变，表现出鲜明的"湖沼演化"特征；而干流基本为"河流型特征"，处于蓄水后的早期演化阶段，为贫营养～中营养状态。

支流回水区水华常态化发生。三峡水库蓄水后支流回水区藻类种类数从 78 种增至 151 种，富营养化程度从贫营养状态上升到中—富营养状态，整体呈现硅藻下降，蓝藻、绿藻、隐藻上升的态势。三峡水库 135m 蓄水位运行阶段（2004—2006 年）支流水华频次较高，156m 蓄水（2007—2008 年）和试验性蓄水（2009 年以后）时期支流水华频次稍有缓和，175m 蓄水运行阶段（2010 年）支流水华发生频次与前期持平。

三峡水库具有较高富营养化生态风险。三峡水库具有充足的营养盐、适合的光照、特殊的水动力条件，导致支流回水区水华频繁发生。目前三峡水库干流水体总氮（TN）含量为 0.50～2.80mg/L，总磷（TP）含量为 0.07～0.30mg/L，在现状条件没有发生根本性变化下，支流水华将长期存在，水库富营养化风险较高。

2. 三峡库区消落带土壤氮磷分布情况

消落带土壤作为生态系统中氮、磷元素重要的源汇，具有重要的地球化学意义。我们通过中国知网以及 Web of Science 数据库检索了近 10 年三峡消落带土壤氮磷分布相关文献，从中提取消落带土壤总氮、总磷数据进行时空变化分析。近 10 年的研究在三峡库区土壤监测点主要分布在重庆市长寿、涪陵、丰都、忠县、万州、云阳、巫山、秭归等县（区）。

三峡库区不同县市消落带 TN、TP 分布状况如图 1-9 所示，在各县区消落带土壤 TN 的研究中，巫山县消落带土壤的 TN 含量最高，为 (1.45±0.04)g/kg，重庆消落带土壤的 TN 含量最低，为 (0.59±0.05)g/kg。在各县区消落带土壤 TP 的研究中，丰都消落带土壤的 TP 含量最高，为 (0.83±0.05)g/kg。巫山县消落带土壤的 TP 含量最低，为 (0.45±0.02)g/kg。

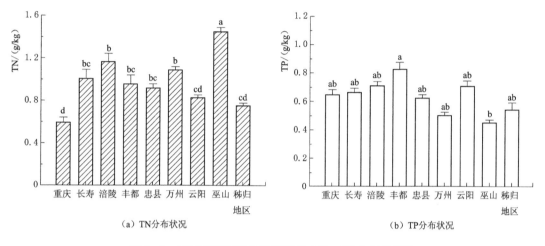

（a）TN分布状况　　　　　　　　（b）TP分布状况

图 1-9　三峡库区不同县市消落带 TN、TP 分布状况图

历年消落带土壤 TN、TP 含量平均值结果显示，TN 的变化范围为 (0.73±0.03)～(1.19±0.03)g/kg，2016 年消落带土壤 TN 含量相对较低。而 TP 的变化范围为 (0.30±0.02)～(0.98±0.12)g/kg，在 2012 年消落带土壤 TP 含量相对达到最高值，而 2013—2017 年消落带土壤 TP 含量处于较低水平（图 1-10）。

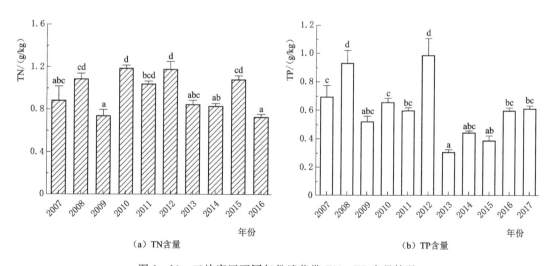

（a）TN含量　　　　　　　　　　（b）TP含量

图 1-10　三峡库区不同年份消落带 TN、TP 含量情况

消落带在不同高程梯度下土壤 TN 的含量在 160m 处达到最高值，进而随着高程的升高而降低；而消落带土壤 TP 含量在不同高程梯度下的变化程度不大，在 150m 处 TP 含

量最高，在 155~175m 之间土壤 TP 含量趋于平稳，在 175m 以上消落带土壤 TP 含量处于较低水平（图 1-11）。

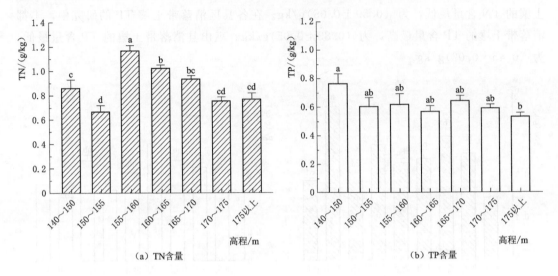

（a）TN 含量　　　　　　　　　　　（b）TP 含量

图 1-11　三峡库区消落带在不同高程梯度下 TN、TP 含量情况

淹水强度差异导致的微生物活动、土壤有机质含量以及植物群落差异均会对消落带土壤 TN、TP 的分布特征产生影响。此外，人类活动影响以及水文过程变化也会造成土壤中氮磷元素流失，产生水体富营养化风险。多点位对比结果表明，TN 的空间分布情况和人类活动，尤其是农业生产密切相关。今后，应加强消落带土壤理化性质和水文过程变化对氮、磷元素地球化学循环影响的研究。

1.4　本 章 小 结

回顾我国消落带生态系统科学的研究发展，近 10 年来消落带的研究呈快速增长趋势，尤其是对水库消落带生态结构演化和生态功能方面的研究成为增长最快的热点。从已发表文献的综合情况看，消落带性质和分类已较为明确，在消落带侵蚀及稳定、水文及水土流失、消落带植被动态变化、碳氮磷等重要生源要素组成与分布、重金属等污染物迁移转化等方面取得了长足进展；不同的研究者从温室气体释放、重金属污染生态风险、面源污染物拦截效应、生态系统完整性等方面开展了水库消落带生态功能的分析和评价工作；围绕三峡、丹江口等重大水库生态文明建设需求，在消落带环境保护、生态修复与重建的工程实践方面也取得卓有成效的进步。

水库消落带是因大坝建设和工程调度运行而形成的崭新生态系统，其水位涨落情势、植被演替机制及物质循环过程与天然湖泊迥异，文献综述分析也显示，在消落带植被抗逆演替、干湿交替环境物质循环的微生物作用、消落带生态系统自组织完善、消落带与流域生态格局演化的协同发展等方面，还有待加强理论研究，以为水库生态环境建设及库区经济社会的可持续发展提供适时的科学支撑。建议未来消落带生态环境研究加强加密长时间序列的定点监测，为今后消落带研究提供夯实的一手数据资料基础。长期生态监测站应保证长久稳定运行，持续监测站点的降水、气温、水文、径流、初级生产力、底栖动物、温室气体等多项指标。建立数据共享平台，避免不必要的重复工作。其次，建议多学科融合，多领域交叉综合发展研究。目前消落带研究中，植物和土壤的研究占据了大部分，但是将消落带作为一个生命共同体，植物—土壤—微生物作为一个研究体系的研究比较缺乏，三要素相辅相成，相互影响，因此未来需要加强多个研究对象间的互馈关系及相互作用的研究。再次，消落带是生态缓冲带，水陆交错带，是物质循环转化的"地球化学热区"，也是碳、氮、磷"源汇转换区"。目前消落带土壤元素含量的调查资料已十分丰富，但是系统的空间对比分析和深入的机制研究依然十分缺乏，消落带在"源"和"汇"角色是如何转换的，消落带关键的生物地球化学循环过程是如何进行的，尚需进一步深入研究。

参 考 文 献

Bartoli M，Racchetti E，Delconte C A，et al. 2012. Nitrogen balance and fate in a heavily impacted watershed (Oglio River，Northern Italy)：in quest of the missing sources and sinks [J]. Biogeosciences，9 (1)：361 – 373.

Berga L，Buil J M，Bofill E，et al. 2006. Dams and reservoirs，societies and environment in the 21st century [M]. Proceedings of the International Symposium on Dams in Societies of the 21st Century；18 Jun 2006；Barcelona，Spain. London，UK：Taylor and Francis Group.

Bertness M D，Pennings SC. 2000. Spatial variation in process and pattern in salt marsh plant communities in eastern North America. In：Weinstein MP，Kreeger DA，eds. Concepts and Controversies in Tidal Marsh Ecology [M]. New York：Kluwer Academic Publishers：39 – 57.

Bertness M D. 1991a. Interspecific interactions among high marsh perennials in a New England salt marsh [J]. Ecology，72 (1)：125 – 137.

Bertness M D. 1991b. Zonation of Spartina patens and Spartina alterniflora in a New England salt marsh [J]. Ecology，72 (1)：138 – 148.

Castelle C J，Hug L A，Wrighton K C，et al. 2013. Extraordinary phylogenetic diversity and metabolic versatility in aquifer sediment [J]. Nature Communications，4：2120.

Chen F，Zhang J，Zhang M，et al. 2015. Effect of Cynodon dactylon community on the conservation and reinforcement of riparian shallow soil in the Three Gorges Reservoir Area [J]. Ecological Processes，4 (3)：1 – 8.

Colmer T D，Pedersen O. 2008. Underwater photosynthesis and respiration in leaves of submerged wetland plants：gas films improve CO_2 and O_2 exchange [J]. New Phytologist，177 (4)：918 – 926.

Costanza R，Mageau M. 1999. What is a healthy ecosystem? [J]. Aquatic Ecology，33 (1)：105 – 115.

Costi J，Marques WC，de Paula Kirinus E，et al. 2018. Water level variability of the Mirim – São Gonçalo system，a large，subtropical，semi – enclosed coastal complex. Advances in water resources，117：75 – 86.

Crain C M，Silliman B R，Bertness S L，et al. 2004. Physical and biotic drivers of plant distribution across estuarine salinity gradients [J]. Ecology，85 (9)：2539 – 2549.

Emery N C，Ewanchuk P J，Bertness M D. 2001. Competition and salt – marsh plant zonation：Stress tolerators may be dominant competitors [J]. Ecology，82 (9)：2471 – 2485.

Evtimova V V，Donohue I. 2016. Water – level fluctuations regulate the structure and functioning of natural lakes [J]. Freshwater Biology，61 (2)：251 – 264.

Furey P C, Nordin R N, Mazumder A. 2004. Water level drawdown affects physical and biogeochemical properties of littoral sediments of a reservoir and a natural lake [J]. Lake and Reservoir Management, 20 (4): 280 – 295.

Garófano – Gómez V, Metz M, Egger G, et al. 2017. Vegetation succession processes and fluvial dynamics of a mobile temperate riparian ecosystem: the lower Allier River (France)[J]. Géomorphologie: Relief, Processus, Environnement, 23 (3): 187 – 202.

Gill K M, Goater L A, Braatne J H, et al. 2018. The irrigation effect: how river regulation can promote some riparian vegetation [J]. Environmental management, 61 (4): 650 – 660.

Gilvear D J, Greenwood M T, Thoms MC, et al. (Eds.). 2016. River science: Research and management for the 21st century [M]. John Wiley & Sons.

Gordon E, Meentemeyer R K. 2006. Effects of dam operation and land use on stream channel morphology and riparian vegetation [J]. Geomorphology, 82 (3 – 4): 412 – 429.

Grizzetti B, Lanzanova D, Liquete C, et al. 2016. Assessing water ecosystem services for water resource management [J]. Environmental Science & Policy, 61: 194 – 203.

He Q, Cui B S, Cai Y Z, et al. 2009. What confines an annual plant to two separate zones along coastal topographic gradients? [J]. Hydrobiologia, 630 (1): 327 – 340.

Hefting M M, Bobbink R, Janssens M P. 2006. Spatial variation in denitrification and N_2O emission in relation to nitrate removal efficiency in a N – stressed riparian buffer zone [J]. Ecosystems, 9 (4): 550 – 563.

Kozlowski T T, Pallardy S G. 2002. Acclimation and adaptive responses of woody plants to environmental stresses [J]. The botanical review, 68 (2): 270 – 334.

Kreiling R M, Richardson W B, Cavanaugh J C, et al. 2011. Summer nitrate uptake and denitrification in an upper Mississippi River backwater lake: the role of rooted aquatic vegetation [J]. Biogeochemistry, 104 (1 – 3): 309 – 324.

Laudon H, Kuglerová L, Sponseller R A, et al. 2016. The role of biogeochemical hotspots, landscape heterogeneity, and hydrological connectivity for minimizing forestry effects on water quality [J]. Ambio, 45 (2): 152 – 162.

Lehner B, Liermann C R, Revenga C, et al. 2011. High – resolution mapping of the world's reservoirs and dams for sustainable river – flow management [J]. Frontiers in Ecology and the Environment, 9 (9): 494 – 502.

Levine J M, Brewer J S, Bertness M D. 1998. Nutrients, competition and plant zonation in a New England salt marsh [J]. Journal of Ecology, 86 (2): 285 – 292.

Leyer I. 2005. Predicting plant species' responses to river regulation: the role of water level fluctuations [J]. Journal of Applied Ecology, 42 (2): 239 – 250.

McClain M E, Boyer E W, Dent C L, et al. 2003. Biogeochemical hot spots and hot moments at the interface of terrestrial and aquatic ecosystems [J]. Ecosystems, 6 (4): 301 – 312.

Miao L F, Liu W W, Yang F. 2017. The hydrological regimes brought by the Three Gorges Project affected riparian vegetation distribution and diversity in 2009 and 2010 [C]. In IOP Conference Series: Earth and Environmental Science (Vol. 51, No. 1, p. 012027). IOP Publishing.

Newbold J D, Herbert S, Sweeney B W, et al. 2010. Water Quality Functions of a 15 – Year – Old Riparian Forest Buffer System 1 [J]. JAWRA Journal of the American Water Resources Association, 46 (2): 299 – 310.

Nilsson C，Berggren K. 2000. Alterations of riparian ecosystems caused by river regulation：Dam operations have caused global – scale ecological changes in riparian ecosystems. How to protect river environments and human needs of rivers remains one of the most important questions of our time [J]. BioScience，50 (9)：783 – 792.

Pennings S C，Grant M B，Bertness M D. 2005. Plant zonation in low – latitude salt marshes：disentangling the roles of flooding，salinity and competition [J]. Journal of Ecology，93 (1)：159 – 167.

Pennings S C，Moore D J. 2001. Zonation of shrubs in western Atlantic salt marshes [J]. Oecologia，126 (4)：587 – 594.

Poff N L，Olden J D，Merritt D M，et al. 2007. Homogenization of regional river dynamics by dams and global biodiversity implications [J]. Proceedings of the National Academy of Sciences，104 (14)：5732 – 5737.

Racchetti E，Longhi D，Ribaudo C，et al. 2017. Nitrogen uptake and coupled nitrification – denitrification in riverine sediments with benthic microalgae and rooted macrophytes [J]. Aquatic Sciences，79 (3)：487 – 505.

Richardson A E，Barea J M，McNeill A M，et al. 2009. Acquisition of phosphorus and nitrogen in the rhizosphere and plant growth promotion by microorganisms [J]. Plant and Soil，321 (1 – 2)：305 – 339.

Sirivedhin T，Gray K A. 2006. Factors affecting denitrification rates in experimental wetlands：field and laboratory studies [J]. Ecological Engineering，26 (2)：167 – 181.

Sweeney B W，Newbold J D. 2014. Streamside forest buffer width needed to protect stream water quality，habitat，and organisms：a literature review [J]. JAWRA Journal of the American Water Resources Association，50 (3)：560 – 584.

Wang Y，Zhu G，Ye L，et al. 2012. Spatial distribution of archaeal and bacterial ammonia oxidizers in the littoral buffer zone of a nitrogen – rich lake [J]. Journal of Environmental Sciences，24 (5)：790 – 799.

WCD (World Commission on Dams). 2000. Dams and development：a framework for decision making [R]. London，UK：Earthscan.

Weissteiner C J，Bouraoui F，Aloe A. 2013. Reduction of nitrogen and phosphorus loads to European rivers by riparian buffer zones [J]. Knowledge and Management of Aquatic Ecosystems，8：408.

Welsh DT. 2000. Nitrogen fixation in seagrass meadows：regulation，plant – bacteria interactions and significance to primary productivity [J]. Ecology Letters，3 (1)：58 – 71.

Wen Z，Ma M，Zhang C，et al. 2017. Estimating seasonal aboveground biomass of a riparian pioneer plant community：An exploratory analysis by canopy structural data [J]. Ecological Indicators，83：441 – 450.

Wetzel R G. 2001. Limnology：lake and river ecosystems，3rd edn. Academic Press，San Diego，CA，USA.

Ye C，Chen C，Butler O M，et al. 2019. Spatial and temporal dynamics of nutrients in riparian soils after nine years of operation of the Three Gorges Reservoir，China [J]. Science of The Total Environment，664：841 – 850.

Ye C，Cheng X，Zhang Q. 2014. Recovery approach affects soil quality in the water level fluctuation zone of the Three Gorges Reservoir，China：implications for revegetation [J]. Environmental Science and Pollution Research，21 (3)：2018 – 2031.

Ye F，Ma M H，Wu S J，et al. 2019b. Soil properties and distribution in the riparian zone：the effects of fluctuations in water and anthropogenic disturbances [J]. European Journal of Soil Science，70 (3)：664 – 673.

Zarfl C，Lumsdon A E，Berlekamp J，et al. 2015. A global boom in hydropower dam construction [J]. Aquatic Sciences，77 (1)：161 – 170.

Zhang A，Cornwell W，Li Z，et al. 2019. Dam Effect on Soil Nutrients and Potentially Toxic Metals in a

Reservoir Riparian Zone [J]. Clean-Soil, Air, Water, 47 (1): 1700497.

Zhu G, Wang S, Wang Y, et al. 2011. Anaerobic ammonia oxidation in a fertilized paddy soil [J]. The ISME Journal, 5 (12): 1905-1912.

Zhu G, Wang S, Wang W, et al. 2013. Hotspots of anaerobic ammonium oxidation at land-freshwater interfaces [J]. Nature Geoscience, 6 (2): 103-107.

阿·恩·切伯塔寥夫, 杨洪润. 1954. 水库淤积的计算 [J]. 水力发电, 1954 (2): 23-25, 34.

常超, 谢宗强, 熊高明, 等. 2011. 三峡水库蓄水对消落带土壤理化性质的影响 [J]. 自然资源学报, 26 (7): 1236-1244.

陈昌齐, 叶元土, 刘方贵, 等. 2000. 三峡水库重庆库区消落带渔业利用初步研究 [J]. 国土与自然资源研究, 2000 (1): 51-54.

程丽. 2016. 淹水对三峡库区消落带土壤氮形态分布及相关酶、细菌的影响 [D]. 武汉: 华中农业大学.

程瑞梅, 王晓荣, 肖文发, 等. 2010. 消落带研究进展 [J]. 林业科学, 46 (4): 111-119.

程学敏. 1954. 河流的梯级开发方案 [J]. 水力发电, 6: 18-23.

崔保山, 杨志峰. 2006. 湿地学 [M]. 北京: 北京师范大学出版社.

戴方喜, 许文年, 刘德富, 等. 对构建三峡库区消落带梯度生态修复模式的思考 [J]. 中国水土保持, 2006 (1): 34-36.

冯义龙. 2007. 适宜重庆主城段消落带绿化植物的选择 [J]. 南方农业 (园林花卉版), 2007 (4): 7-11.

高磊. 2018. 三峡库区巫山段消落带地形变化及地质灾害分析 [D]. 北京: 中国地质大学.

韩文娇, 白林利, 李昌晓, 等. 2016. 前期水淹对牛鞭草后期干旱胁迫光合生理响应的影响 [J]. 生态学报, 36 (18): 5712-5724.

湖南省水利电力厅. 1963. 千金水库的灌溉管理 [J]. 中国水利, 9: 26-27, 31.

黄川. 2006. 三峡水库消落带生态重建模式及健康评价体系构建 [D]. 重庆: 重庆大学.

靳军英, 张卫华, 黄建国. 2011. 干旱对扁穗牛鞭草生长、营养及生理指标的影响 [J]. 植物营养与肥料学报, 17 (6): 1545-1550.

勒·伯·罗卓夫斯基, 周兴奎, 李元寿. 1954. 十年操作期内水库的坍岸情况 [J]. 水力发电, 2: 19-22.

李兆佳, 熊高明, 邓龙强, 等. 2013. 狗牙根与牛鞭草在三峡库区消落带水淹结束后的抗氧化酶活力 [J]. 生态学报, 33 (11): 3362-3369.

刘本荣. 2003. 关于三峡库区环境保护的思考 [J]. 重庆行政, 4: 18-20.

刘浩, 江小青. 2007. 三峡工程重庆库区消落区土地整理研究 [J]. 水利水电快报, 2007 (20): 24-26.

罗协. 2015. 三峡库区消落带常见野生植物 AM 真菌多样性研究 [D]. 重庆: 西南大学.

吕明权, 吴胜军, 陈春娣, 等. 2015. 三峡消落带生态系统研究文献计量分析 [J]. 生态学报, 35 (11): 3504-3518.

马良, 梁玉, 房用, 等. 2017. 南四湖湿地植被演替及恢复技术研究 [J]. 山东水利, 10: 25-27.

闵志华. 2017. 丹江口水库总氮变化趋势分析及防治对策研究 [J]. 水力发电, 43 (11): 5-9.

钱易. 2003. 当务之急: 防治三峡水库污染 [N]. 科学新闻, 15: 14-16.

宋长青, 吴金水, 陆雅海, 等. 2013. 中国土壤微生物学研究 10 年回顾 [J]. 地球科学进展, 28 (10): 1087-1105.

孙虹蕾, 张维, 崔俊芳, 等. 2018. 基于文献计量分析的三峡库区消落带土壤重金属污染特征研究 [J]. 土壤, 50 (5): 965-974.

孙军益. 2012. 三峡库区紫色土氮磷淋溶试验研究 [D]. 重庆: 重庆大学.

谭培伦, 覃爱基. 1957. 丹江口水库初期运行的动能指标计算 [J]. 人民长江, 5: 29-31.

王海锋，曾波，李娅，等 . 2008. 长期完全水淹对4种三峡库区岸生植物存活及恢复生长的影响 [J]. 植物生态学报，32（5）：977 - 984.

王强，袁兴中，刘红，等 . 2009. 三峡水库156m蓄水后消落带新生湿地植物群落 [J]. 生态学杂志，28（11）：2183 - 2188.

王述奎，姚炳华，高治齐 . 1979. 关于三峡水库移民安置问题的商讨 [J]. 人民长江，4：13 - 17.

王衍，彭善群 . 1982. 丹江口水库移民工作问题初探 [J]. 人民长江，4：66 - 71，97.

吴玉源 . 2012. 三峡水库消落带新生湿地温室气体通量评估及碳汇初步研究 [D]. 重庆：重庆大学 .

夏品华，林陶，邓河霞，等 . 2011. 贵州红枫湖水库消落带类型划分及其生态修复试验 [J]. 中国水土保持，2011（6）：58 - 60.

肖霄，谢宗琳，辛琨 . 2018. 滨海湿地植被演替研究进展及其展望 [J]. 海南师范大学学报（自然科学版），31（2）：219 - 225.

徐高福，洪利兴，陈小勇，等 . 2006. 千岛湖区消落带植被恢复初探 [J]. 林业调查规划，6：106 - 109.

杨丹，樊大勇，谢宗强，等 . 2016. 消落带生态系统氮素截留转化的主要机制及影响因素 [J]. 应用生态学报，27（3）：973 - 980.

杨萌 . 2016. 消落带温室气体排放机制研究 [D]. 北京：北京林业大学 .

杨远东 . 1957. 用"变量变差法"计算水库蓄水保证率曲线 [J]. 人民长江，8：14 - 18.

叶松，谭德宝，张煜 . 2016. 丹江口水库消落带土地利用现状调查及特点分析 [J]. 长江科学院院报，33（11）：17 - 20.

袁辉，王里奥，黄川，等 . 2006. 三峡库区消落带保护利用模式及生态健康评价 [J]. 中国软科学，（5）：120 - 127.

张代良 . 1983. 对水库库区土地利用的探讨 [J]. 江西水利科技，2：66 - 69，76.

张乐群，吴敏，万育生 . 2018. 南水北调中线水源地丹江口水库水质安全保障对策研究 [J]. 中国水利，1：44 - 47.

张丽 . 2011. 基于压力—状态—响应模型的三峡库区消落带生态环境综合评价 [D]. 兰州：兰州大学 .

第2章 大宁河消落带土壤环境特征及其对水位波动的响应

消落带生态系统位于陆地生态系统和水生生态系统的交错带。消落带土壤由于受到工业污水排放、生活和农业废水的影响一直扮演着营养物质的源和汇（Hantush et al.，2012）。消落带土壤对氮、磷等营养物质的释放或储存趋势取决于土壤的性质特征，例如土壤粒径（Cotovicz et al.，2014）或电导率（Meynendonckx et al.，2006），以及植物和土壤微生物群落（Ye et al.，2017）。而这些因素又是由于人为活动剧烈改变水文过程引起的，例如建坝和水库运行（Sun et al.，2018）。深入认识消落带土壤在人为活动的影响下的生物地球化学特征变化有助于高效管理和保护消落带生态系统和周边水域。

水文水动力（干湿交替影响的频率和时间）对消落带土壤的生物地球化学性质具有显著影响（Baldwin and Mitchell，2000）。淹水是一个非常强烈的驱动因子影响着土壤的理化性质和沉积过程，进而通过影响吸收、释放和营养物质迁移来影响到土壤营养物质循环过程（Cook，2007）。Brovelli et al.（2012）的研究表明在淹水过程中营养物质沉积往往伴随着含有精细有机质的精细沙。此外，通过刺激有机物的矿化和无机养分的产生，洪水可导致氮、磷的损失或增加，以及氮、磷的转变（Bai et al.，2005）。例如，频繁的洪水会降低土壤保持磷的能力，并通过耦合硝化—反硝化作用促进氮的损失（Bai et al.，2007；Kerr et al.，2010）。水文也会影响植物群落组成和生物量，从而通过影响与初级生产和分解相关的过程从生态系统中保留或损失营养物质（Baldwin and Mitchell，2000；Berhongaray et al.，2013；Hefting et al.，2005）。总体而言，可能存在许多相互关联的特性和过程，这些特性和过程支撑着土壤生物地球化学对改变的水文条件的响应，并且许多仍然未知。因此，在大的空间和时间尺度上发生的研究，以及包含广泛的环境和水文条件，对于揭示这些复杂的关系至关重要。

大坝是全球河流最为重要的人为水文扰动之一（Ye et al.，2015；Gao et al.，2016）。大坝的建设可以改变沉积物沉积条件以及水库中养分的吸收和保留（Cunha et al.，2014）。Friedl and Wüest（2002）的研究表明，大坝作为物理屏障，限制水的自然转移并降低水流速度，从而延长沉积物停留时间，促进更高的营养物沉积速率。然而，关于大坝的不利环境和生态影响仍然存在各种不确定性（Wu et al.，2015；Gao et al.，2016），并且需要进一步的研究。

中国三峡大坝位于长江干流，是世界上最大的水利工程。三峡水库于 2008 年全面建成，区域面积达到 1080km² （Ye et al.，2015）。自三峡水库蓄水以来，上游消落带地区的水文条件和生物地球化学发生了显著变化（Zhang et al.，2012；Wu et al.，2016）。具体而言，水流速度降低，平均值在 0.2～0.3m/s （胡江等，2013），最大观测值低于 0.5m/s （Bao et al.，2015）。此外，自 2008 年以来，整个三峡水库流域的水位在雨季 （5—9 月）维持于海拔 145m 基准水平，在旱季 （10 月至次年 4 月）于 175m 的峰值水平之间波动 （Bao et al.，2015）。因此，三峡水库的建造和运行形成了一个反自然的"水位波动区"，即消落带。在频繁的水文涨落扰动下，消落带土壤空间分布也相应地发生变化，消落带土壤的理化性质也会发生改变，但是土壤理化性质在消落带不同高程梯度上以及不同剖面土分层尺度上的变异规律仍需要深入调查分析。

2.1 大 宁 河 概 况

大宁河是三峡水库库区左岸一级支流，发源于巫溪县高楼乡龙洞湾，在巫峡西口注入长江，长约 202km，流域面积达 4415km²，平均年降水量 1000mm 以上，年均气温 19.8℃。三峡水库蓄水之前，大宁河整条河流河道较窄，流速较快，落差较大。三峡水库蓄水后，大宁河中下游水体受到回水影响，回水长度 40～60km，深度增加，大昌至巫山河口水深 35～75km，河水流速小于 0.1m/s；龙溪镇以上的河段不受三峡水库回水影响，平均水深不超过 2m。研究工作拟选取大宁河消落带作为研究对象，采样点位置及类型见表 2-1。

表 2-1　　　　　　　　三峡库区大宁河消落带采样点位置及类型

采样点	土壤类型	采样点	土壤类型
塞家坝（A 点）	黄棕壤	河口村（D 点）	紫色土
塞家坝（B 点）	紫色土	七里村（E 点）	黄棕壤
光明村（C 点）	黄棕壤	新春村（F 点）	紫色土

2.2 样 品 采 集

为了全面分析比较土壤理化性质在不同消落带高程梯度下的差异性，在大宁河回水末端至长江干流交汇处选择了 3 个研究区，在每个研究区中根据消落带土质不同，分别选取黄棕壤消落带和紫色土消落带，即研究区 1 选取塞家坝黄棕壤消落带 A 点和塞家坝紫色土消落带 B 点；研究区 2 选取光明村黄棕壤消落带 C 点和河口村紫色土消落带 D 点；研究区 3 选取七里村黄棕壤消落带 E 点和新春村紫色土消落带 F 点；共计 6 个消落带研究区。在每个消落带研究区 145～180m 的高程梯度上每间隔 5m 高程布设调查样带（图 2-1），不同消落带研究区由于高程不同，历史土地利用类型不同，样带数略有差异。于 7—9 月进行采样调查，该时间既为植物生长季末期，同时也为库区水位上调前，消落带即将被淹没。4—9 月开展了逐月的消落带采样，该时期为消落带的整个消落期。

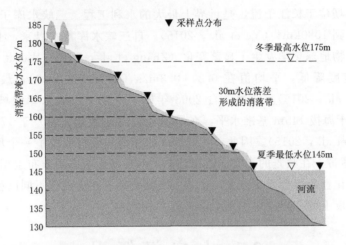

图 2-1　消落带在不同高程下采样点布设示意图

在每条调查样带上分别布设 3 个重复采样点位，即在 145m、150m、155m、160m、165m、170m、175m 的高程梯度上分别布设 3 个采样点位。在每个采样点分别挖 40cm 深的剖面，用环刀在 0～10cm、10～20cm、20～30cm 以及 30～40cm 依次采集 3 个重复的沉积物土芯（深 5cm，直径 5cm），同时利用土壤原位测定仪测量不同土层的电导率和温度。并将土壤带回实验室进行分析，检测土壤的土壤粒径、含水率、容重、孔隙度、pH、总磷、有机质、总碳、总氮、铵态氮、硝态氮、亚硝态氮、微生物氮等指标。

2.3　数据统计分析

本研究应用单因子方差分析（One - Way Analysis of Variance，ANOVA）比较土壤理化性质的差异性，包括土壤有机质、总氮、总磷和总碳含量、含水率、容重、铵态氮、硝态氮、亚硝态氮等指标，并且分析水位及淹水时长在不同消落带以及高程梯度上的差异。数据在必要的时候进行 $\log 10(x+1)$ 或者平方根转换。其次，应用 Spearman 秩相关分析比较了因子之间的相关关系。以上数据统计分析均使用软件 SPSS 20.0 实现（Allen et al.，2014）。

2.4　结　果　及　分　析

2.4.1　土壤粒径分级

分别对消落带 150～175m 范围内的黄棕壤和紫色土的土壤粒径进行了分级分类，检测结果见表 2-2。黄棕壤中石头含量为 4.36%±1.84%，土壤颗粒组成为黏粒 20.29%±1.23%，粉砂粒 46.15%±4.97%，砂粒 33.56%±6.90%。紫色土中石头含量为 9.58%±3.16%，土壤颗粒组成为黏粒 19.12%±1.23%，粉砂粒 37.28%±0.90%，砂粒 43.60%±3.24%。

表 2-2　　　　　　　　　　消落带在 150～175m 范围内土壤颗粒组成

土壤类型	土壤粒径/mm	黄棕壤/%	紫色土/%
石头		4.36±1.84	9.58±3.16
砂粒	1～2	0.00±0.00	0.02±0.02
	0.5～1	0.75±0.34	1.70±0.47
	0.2～0.5	7.05±2.33	11.40±0.73
	0.05～0.2	9.99±3.15	12.86±0.87
	0.02～0.05	15.78±1.07	17.62±1.15
粉砂粒	0.01～0.02	19.21±2.07	16.06±0.47
	0.005～0.01	12.27±1.49	9.69±0.17
	0.002～0.005	14.67±1.42	11.54±0.27
黏粒	＜0.002	20.29±1.23	19.12±1.23

注：数据形式为平均值±标准误差。

2.4.2　消落带土壤性质调查

9月，分别在蹇家坝A点和B点，光明村C点、河口村D点、七里村E点以及新春村F点的消落带不同高程梯度上采集分层土壤样品，并分析了消落带土壤的含水率、容重、孔隙度、有机质、有机碳、电导率、土壤温度、pH、总氮、总磷和磷分级。

1. 土壤含水率

9月份消落带表层土壤的含水率略低于深层土壤含水率（图2-2），主要是由于消落带距离4月暴露出水面已经过了一段时间，并且据当年气象数据显示，夏季气温高、降雨少，表面蒸发量大，因此表层土壤含水率较低，而土壤深层含水率较高。

9月，对6个消落带在不同高程梯度下的表层土壤含水率进行分析，结果如图2-3所示，在高程150m和155m的表层土壤含水率显著高于160～180m高程的表层土壤。这主要是由于较低高程的消落带土壤距离河流较近，且淹没时间较长。

2. 土壤容重

9月，消落带在不同高程梯度下的分层土壤容重分布如图2-4所示，表层土壤容重较低，深层土壤容重较高，但变化幅度不大。蹇家坝消落带A点的土壤容重变化范围为 $1.18～1.62g/cm^3$。表层土壤容重小于深层土壤容重，消落带A点不同高程下的分层土壤容重平均值在土层 0～10cm、10～20cm、20～30cm、30～40cm 依次为 $1.29g/cm^3$、$1.40g/cm^3$、$1.48g/cm^3$ 和 $1.48g/cm^3$。土壤 0～40cm 的容重平均值在高程 180m 处达到最低值，为 $1.30g/cm^3$，在 155m 高程处达到最高值，为 $1.58g/cm^3$。

蹇家坝消落带B点的土壤容重变化范围为 $1.19～1.67g/cm^3$。表层土壤容重小于深层土壤容重，消落带B点不同高程下的分层土壤容重平均值在土层 0～10cm、10～20cm、20～30cm、30～40cm 依次为 $1.39g/cm^3$、$1.50g/cm^3$、$1.54g/cm^3$ 和 $1.54g/cm^3$。土壤 0～40cm 的容重平均值在高程 155m 处达到最低值，为 $1.36g/cm^3$，在 170m 高程处达到最高值，为 $1.62g/cm^3$。

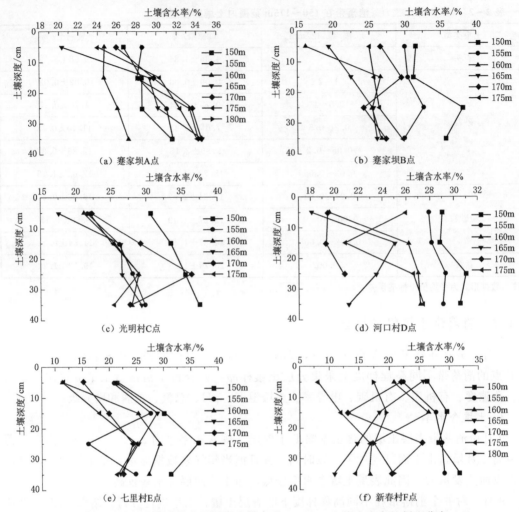

图 2-2 6 个消落带在不同高程梯度下 0~40cm 土壤含水率的剖面分布

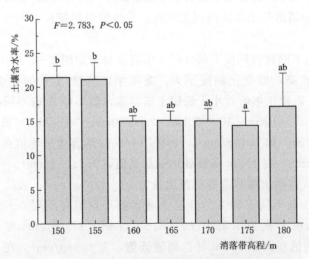

图 2-3 消落带在不同高程梯度下的表层土壤含水率

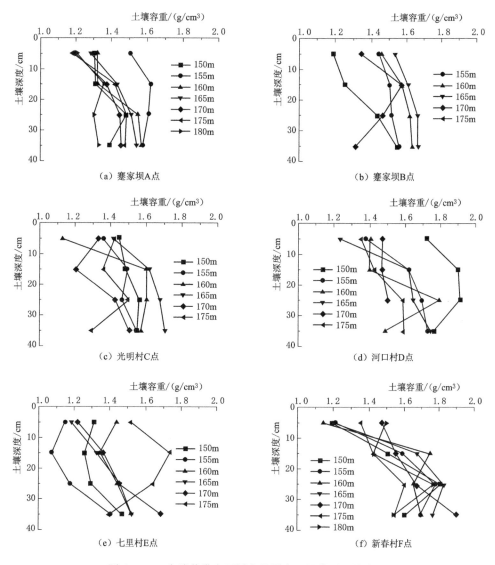

图 2-4 6个消落带在不同高程梯度下的分层土壤容重

光明村消落带 C 点的土壤容重变化范围为 1.13~1.70g/cm³。表层土壤容重小于深层土壤容重，消落带 C 点不同高程下的分层土壤容重平均值在土层 0~10cm、10~20cm、20~30cm、30~40cm 依次为 1.35g/cm³、1.46g/cm³、1.54g/cm³ 和 1.53g/cm³。土壤 0~40cm 的容重平均值在高程 170m 处达到最低值，为 1.37g/cm³，在 165m 高程处达到最高值，为 1.60g/cm³。

河口村消落带 D 点的土壤容重变化范围为 1.24~1.91g/cm³。表层土壤容重小于深层土壤容重，消落带 D 点不同高程下的分层土壤容重平均值在土层 0~10cm、10~20cm、20~30cm、30~40cm 依次为 1.43g/cm³、1.57g/cm³、1.69g/cm³ 和 1.66g/cm³。土壤 0~40cm 的容重平均值在高程 170m 处达到最低值，为 1.48g/cm³，在 150m 高程处达到最高值，为 1.83g/cm³。

七里村消落带 E 点的土壤容重变化范围为 1.07~1.74g/cm³。表层土壤容重小于深层土壤容重，消落带 E 点不同高程下的分层土壤容重平均值在土层 0~10cm、10~20cm、20~30cm、30~40cm 依次为 1.30g/cm³、1.35g/cm³、1.41g/cm³ 和 1.50g/cm³。土壤 0~40cm 的容重平均值在高程 155m 处达到最低值，为 1.20g/cm³，在 175m 高程处达到最高值，为 1.57g/cm³。

新春村消落带 F 点的土壤容重变化范围为 1.14~1.90g/cm³。表层土壤容重小于深层土壤容重，消落带 F 点不同高程下的分层土壤容重平均值在土层 0~10cm、10~20cm、20~30cm、30~40cm 依次为 1.30g/cm³、1.56g/cm³、1.73g/cm³ 和 1.68g/cm³。土壤 0~40cm 的容重平均值在高程 175m 处达到最低值，为 1.48g/cm³，在 165m 高程处达到最高值，为 1.65g/cm³。

对 6 个消落带在不同高程梯度下的表层土壤容重进行分析，结果如图 2-5 所示，不同高程下的土壤容重不存在显著差异性。

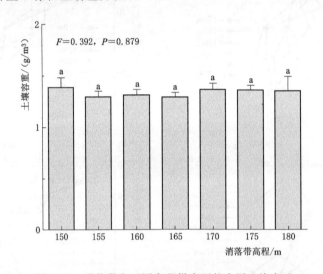

图 2-5　消落带在不同高程梯度下的表层土壤容重

3. 土壤孔隙度

消落带在不同高程梯度下的分层土壤孔隙度分布如图 2-6 所示，表层土壤孔隙度明显大于深层土壤。塞家坝消落带 A 点的土壤孔隙度变化范围为 40.49%~55.02%。表层土壤孔隙度大于深层土壤孔隙度，消落带 A 点不同高程下的分层土壤孔隙度平均值在土层 0~10cm、10~20cm、20~30cm、30~40cm 依次为 51.55%、47.60%、44.97% 和 45.21%。土壤 0~40cm 的容重平均值在高程 155m 处达到最低值，为 41.89%，在 180m 高程处达到最高值，为 51.12%。

塞家坝消落带 B 点的土壤孔隙度变化范围为 39.00%~54.63%。表层土壤孔隙度大于深层土壤孔隙度，消落带 B 点不同高程下的分层土壤孔隙度平均值在土层 0~10cm、10~20cm、20~30cm、30~40cm 依次为 47.98%、44.41%、43.14% 和 43.05%。土壤 0~40cm 的孔隙度平均值在高程 170m 处达到最低值，为 40.57%，在 155m 高程处达到最高值，为 49.17%。

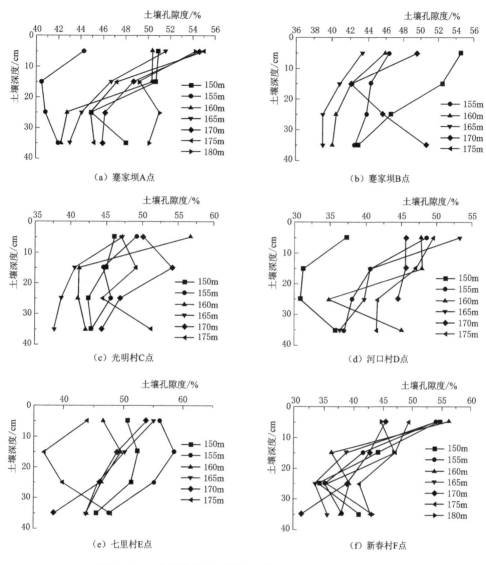

图 2-6　6 个消落带在不同高程梯度下的分层土壤孔隙度

光明村消落带 C 点的土壤孔隙度变化范围为 37.75%～56.69%。表层土壤孔隙度大于深层土壤孔隙度，消落带 C 点不同高程下的分层土壤孔隙度平均值在土层 0～10cm、10～20cm、20～30cm、30～40cm 依次为 49.39%、45.78%、43.22% 和 43.54%。土壤 0～40cm 的孔隙度平均值在高程 165m 处达到最低值，为 41.07%，在 175m 高程处达到最高值，为 47.98%。

河口村消落带 D 点的土壤孔隙度变化范围为 30.80%～53.13%。表层土壤孔隙度大于深层土壤孔隙度，消落带 D 点不同高程下的分层土壤孔隙度平均值在土层 0～10cm、10～20cm、20～30cm、30～40cm 依次为 46.89%、42.09%、38.18% 和 39.06%。土壤 0～40cm 的孔隙度平均值在高程 150m 处达到最低值，为 33.71%，在 170m 高程处达到最高值，为45.15％。

七里村消落带E点的土壤孔隙度变化范围为36.63％～58.56％。表层土壤孔隙度大于深层土壤孔隙度，消落带E点不同高程下的分层土壤孔隙度平均值在土层0～10cm、10～20cm、20～30cm、30～40cm依次为50.97％、49.40％、47.38％和44.45％。土壤0～40cm的孔隙度平均值在高程175m处达到最低值，为42.03％，在155m高程处达到最高值，为54.32％。

新春村消落带F点的土壤孔隙度变化范围为31.19％～56.21％。表层土壤孔隙度大于深层土壤孔隙度，消落带F点不同高程下的分层土壤孔隙度平均值在土层0～10cm、10～20cm、20～30cm、30～40cm依次为51.21％、42.47％、36.81％和38.57％。土壤0～40cm的孔隙度平均值在高程170m处达到最低值，为39.53％，在175m高程处达到最高值，为45.08％。

对6个消落带在不同高程梯度下的表层土壤孔隙度进行分析，结果如图2-7所示，不同高程下的土壤孔隙度不存在显著差异性。

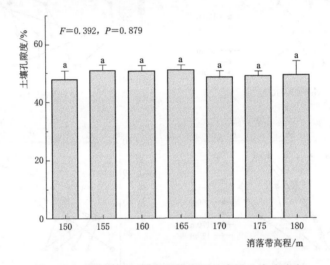

图2-7　消落带在不同高程梯度下的表层土壤孔隙度

4. 土壤有机质和有机碳含量

6个消落带在不同高程梯度下的表层土壤有机质和有机碳含量普遍大于深层土壤的有机质和有机碳含量。其中，有机质含量的平均值为（11.92±1.42）g/kg，有机碳含量的平均值为（6.91±0.82）g/kg。

如表2-3和图2-8所示，蹇家坝消落带A点不同高程下的分层土壤有机质含量平均值在土层0～10cm、10～20cm、20～30cm、30～40cm依次为13.32g/kg、8.87g/kg、4.89g/kg和5.38g/kg，呈现出随着土层加深，土壤有机质含量减少的趋势。其中，表层土壤有机质在高程180m处达到最大值，为17.86g/kg，在高程155m处达到最小值，为7.58g/kg。而0～40cm土壤有机质含量平均值在高程150m处达到最大值，为11.41g/kg，在高程170m处达到最低值，为4.62g/kg。

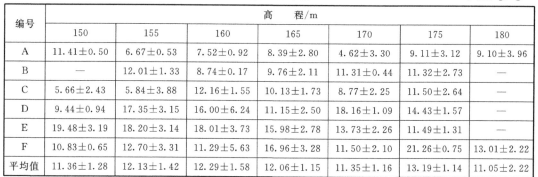

表 2－3　　　　大宁河消落带在不同高程梯度下的土壤（0～40cm）
有机质含量分布情况　　　　　　　单位：g/kg

编号	高　　程/m						
	150	155	160	165	170	175	180
A	11.41±0.50	6.67±0.53	7.52±0.92	8.39±2.80	4.62±3.30	9.11±3.12	9.10±3.96
B	—	12.01±1.33	8.74±0.17	9.76±2.11	11.31±0.44	11.32±2.73	—
C	5.66±2.43	5.84±3.88	12.16±1.55	10.13±1.73	8.77±2.25	11.50±2.64	—
D	9.44±0.94	17.35±3.15	16.00±6.24	11.15±2.50	18.16±1.09	14.43±1.57	—
E	19.48±3.19	18.20±3.14	18.01±3.73	15.98±2.78	13.73±2.26	11.49±1.31	—
F	10.83±0.65	12.70±3.31	11.29±5.63	16.96±3.28	11.50±2.10	21.26±0.75	13.01±2.22
平均值	11.36±1.28	12.13±1.42	12.29±1.58	12.06±1.15	11.35±1.16	13.19±1.14	11.05±2.22

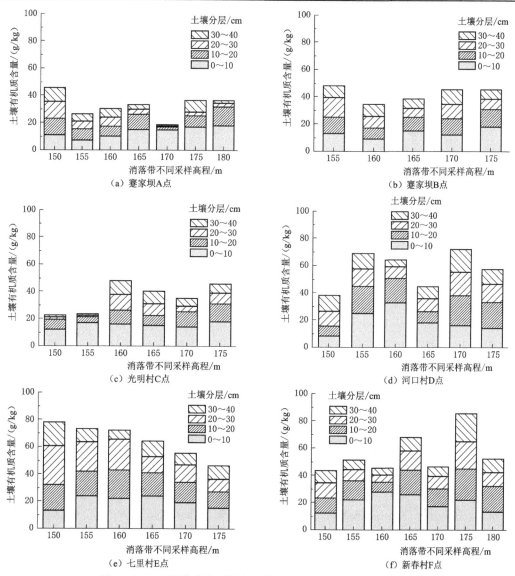

图 2－8　6个消落带在不同高程梯度下的土壤分层有机质含量

塞家坝消落带 B 点不同高程下的分层土壤有机质含量平均值在土层 0～10cm、10～20cm、20～30cm、30～40cm 依次为 13.59g/kg、11.10g/kg、9.61g/kg 和 8.22g/kg，呈现出随着土层加深，土壤有机质含量减少的趋势。其中，表层土壤有机质在高程 175m 处达到最大值，为 18.54g/kg，在高程 160m 处达到最小值，为 8.92g/kg。而 0～40cm 土壤有机质含量平均值在高程 175m 处达到最大值，为 11.32g/kg，在高程 160m 处达到最低值，为 8.74g/kg。

光明村消落带 C 点不同高程下的分层土壤有机质含量平均值在土层 0～10cm、10～20cm、20～30cm、30～40cm 依次为 15.49g/kg、8.79g/kg、6.05g/kg 和 5.72g/kg，呈现出随着土层加深，土壤有机质含量减少的趋势。其中，表层土壤有机质在高程 175m 处达到最大值，为 17.89g/kg，在高程 150m 处达到最小值，为 11.67g/kg。而 0～40cm 土壤有机质含量平均值在高程 160m 处达到最大值，为 12.16g/kg，在高程 150m 处达到最低值，为 5.66g/kg。

河口村消落带 D 点不同高程下的分层土壤有机质含量平均值在土层 0～10cm、10～20cm、20～30cm、30～40cm 依次为 19.36g/kg、15.25g/kg、12.24g/kg 和 10.84g/kg，呈现出随着土层加深，土壤有机质含量减少的趋势。其中，表层土壤有机质在高程 160m 处达到最大值，为 33.01g/kg，在高程 150m 处达到最小值，为 8.25g/kg。而 0～40cm 土壤有机质含量平均值在高程 170m 处达到最大值，为 18.16g/kg，在高程 150m 处达到最低值，为 9.44g/kg。

七里村消落带 E 点不同高程下的分层土壤有机质含量平均值在土层 0～10cm、10～20cm、20～30cm、30～40cm 依次为 19.47g/kg、16.92g/kg、17.63g/kg 和 10.56g/kg，呈现出随着土层加深，土壤有机质含量减少的趋势。其中，表层土壤有机质在高程 155m 处达到最大值，为 24.04g/kg，在高程 150m 处达到最小值，为 13.05g/kg。而 0～40cm 土壤有机质含量平均值在高程 150m 处达到最大值，为 19.48g/kg，在高程 175m 处达到最低值，为 11.49g/kg。

新春村消落带 F 点不同高程下的分层土壤有机质含量平均值在土层 0～10cm、10～20cm、20～30cm、30～40cm 依次为 19.61g/kg、15.33g/kg、11.14g/kg 和 9.68g/kg，呈现出随着土层加深，土壤有机质含量减少的趋势。其中，表层土壤有机质在高程 160m 处达到最大值，为 28.14g/kg，在高程 150m 处达到最小值，为 11.71g/kg。而 0～40cm 土壤有机质含量平均值在高程 175m 处达到最大值，为 21.26g/kg，在高程 150m 处达到最低值，为 10.83g/kg。

对 6 个消落带在不同高程梯度下的表层土壤有机质进行分析，结果如图 2-9 所示，在高程 150m 处的土壤有机质含量显著低于 160m 处的有机质含量。

如表 2-4 和图 2-10 所示，塞家坝消落带 A 点不同水位高程下的分层土壤有机碳含量平均值在土层 0～10cm、10～20cm、20～30cm、30～40cm 依次为 7.73g/kg、5.15g/kg、2.84g/kg 和 3.12g/kg，呈现出随着土层加深，土壤有机碳含量减少的趋势。其中，表层土壤有机碳在高程 180m 处达到最大值，为 10.36g/kg，在高程 155m 处达到最小值，为 4.40g/kg。而 0～40cm 土壤有机碳含量平均值在高程 150m 处达到最大值，为 6.62g/kg，在高程 170m 处达到最低值，为 2.68g/kg。

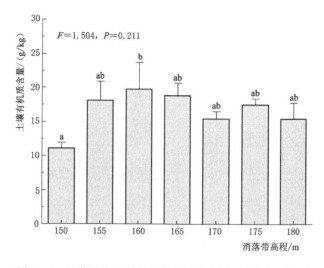

图 2-9　消落带在不同高程梯度下的表层土壤有机质含量

表 2-4　　**大宁河消落带在不同高程梯度下的土壤（0～40cm）**

有机碳含量分布情况　　　　　　单位：g/kg

编号	高　　程/m						
	150	155	160	165	170	175	180
A	6.62±0.29	3.87±0.31	4.36±0.54	4.87±1.63	2.68±1.91	5.29±1.81	5.28±2.29
B	—	6.97±0.77	5.07±0.10	5.66±1.22	6.56±0.26	6.57±1.58	—
C	3.28±1.41	3.39±2.25	7.06±0.90	5.87±1.01	5.09±1.31	6.67±1.53	—
D	5.47±0.55	10.06±1.83	9.28±3.62	6.47±1.45	10.55±0.63	8.37±0.91	—
E	11.30±1.85	10.56±1.82	10.45±2.16	9.27±1.61	7.96±1.31	6.66±0.76	—
F	6.28±0.38	7.37±1.92	6.55±3.27	9.84±1.90	6.67±1.22	12.33±0.43	7.54±1.29
平均值	6.59±0.74	7.03±0.82	7.13±0.92	7.00±0.67	6.58±0.67	7.65±0.66	6.41±1.29

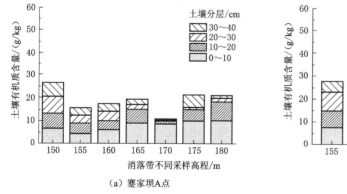

（a）蹇家坝A点

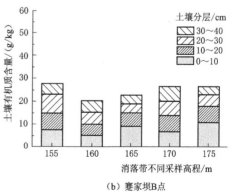

（b）蹇家坝B点

图 2-10（一）　6个消落带在不同高程梯度下的土壤分层有机碳含量

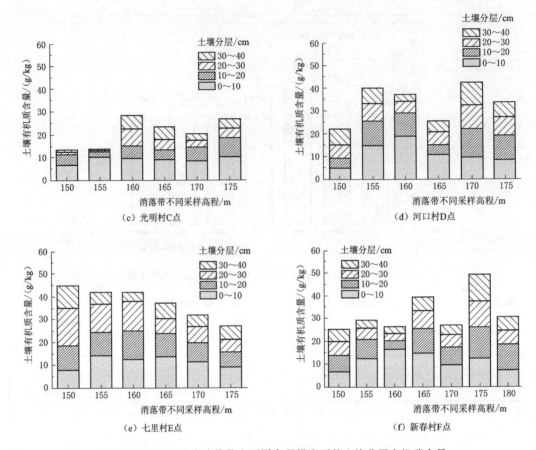

图 2-10（二） 6 个消落带在不同高程梯度下的土壤分层有机碳含量

塞家坝消落带 B 点不同高程下的分层土壤有机碳含量平均值在土层 0～10cm、10～20cm、20～30cm、30～40cm 依次为 7.88g/kg、6.44g/kg、5.57g/kg 和 4.77g/kg，呈现出随着土层加深，土壤有机碳含量减少的趋势。其中，表层土壤有机碳在高程 175m 处达到最大值，为 10.75g/kg；在高程 160m 处达到最小值，为 5.17g/kg。而 0～40cm 土壤有机碳含量平均值在高程 155m 处达到最大值，为 6.97g/kg，在高程 160m 处达到最低值，为 5.07g/kg。

光明村消落带 C 点不同高程下的分层土壤有机碳含量平均值在土层 0～10cm、10～20cm、20～30cm、30～40cm 依次为 8.98g/kg、5.10g/kg、3.51g/kg 和 3.32g/kg，呈现出随着土层加深，土壤有机碳含量减少的趋势。其中，表层土壤有机碳在高程 175m 处达到最大值，为 10.38g/kg；在高程 150m 处达到最小值，为 6.77g/kg。而 0～40cm 土壤有机碳含量平均值在高程 160m 处达到最大值，为 7.06g/kg；在高程 150m 处达到最低值，为 3.28g/kg。

河口村消落带 D 点不同高程下的分层土壤有机碳含量平均值在土层 0～10cm、10～20cm、20～30cm、30～40cm 依次为 11.23g/kg、8.85g/kg、7.10g/kg 和 6.29g/kg，呈现出随着土层加深，土壤有机碳含量减少的趋势。其中，表层土壤有机碳在高程 160m

处达到最大值，为 19.15g/kg；在高程 150m 处达到最小值，为 4.78g/kg。而 0～40cm 土壤有机碳含量平均值在高程 170m 处达到最大值，为 10.55g/kg；在高程 150m 处达到最低值，为 5.47g/kg。

七里村消落带 E 点不同高程下的分层土壤有机碳含量平均值在土层 0～10cm、10～20cm、20～30cm、30～40cm 依次为 11.29g/kg、9.82g/kg、10.23g/kg 和 6.13g/kg，呈现出随着土层加深，土壤有机碳含量减少的趋势。其中，表层土壤有机碳在高程 155m 处达到最大值，为 13.94g/kg；在高程 150m 处达到最小值，为 7.57g/kg。而 0～40cm 土壤有机碳含量平均值在高程 150m 处达到最大值，为 11.30g/kg；在高程 175m 处达到最低值，为 6.66g/kg。

新春村消落带 F 点不同高程下的分层土壤有机碳含量平均值在土层 0～10cm、10～20cm、20～30cm、30～40cm 依次为 11.37g/kg、8.89g/kg、6.46g/kg 和 5.61g/kg，呈现出随着土层加深，土壤有机碳含量减少的趋势。其中，表层土壤有机碳在高程 160m 处达到最大值，为 16.33g/kg；在高程 150m 处达到最小值，为 6.80g/kg。而 0～40cm 土壤有机碳含量平均值在高程 175m 处达到最大值，为 12.33g/kg；在高程 150m 处达到最低值，为 6.28g/kg。

对 6 个消落带在不同高程梯度下的表层土壤有机质进行分析，结果如图 2-11 所示，在高程 150m 处的土壤有机碳含量显著低于 160m 处的有机碳含量。

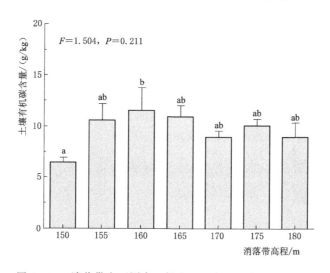

图 2-11 消落带在不同高程梯度下的表层土壤有机碳含量

5. 土壤电导率

通过便携式仪器对 6 个消落带在不同高程梯度下的分层土壤进行野外监测，土壤电导率如图 2-12 所示，不同高程的不同深度土壤电导率变化规律多样，蹇家坝消落带 A 点土壤电导率在 160m 的土壤 10～20cm 分层处达到最低值，在 175m 的土壤 30～40cm 分层处达到最大值，在 150m、170m、175m 的土壤随着深度的增加土壤电导率略呈现增加趋势。蹇家坝消落带 B 点在高程 160m、165m、175m 土壤随着深度的增加土壤电导率呈略增加趋势。光明村消落带 C 点不同高程梯度下的表层土壤电导率普遍低于深层土壤的电导率。

河口村消落带 D 点不同高程梯度不同分层土壤电导率的变化范围在 $1.0\sim2.0\mu S/cm$ 之间。七里村消落带 E 点在高程 150m、160m、170m 处的土壤电导率随着深度的增加呈现先增加后减少趋势。新春村消落带 F 点在高程 150m、155m、170m、175m 处 $10\sim20cm$ 土壤深度的土壤电导率值非常接近，约为 $1.6\mu S/cm$。

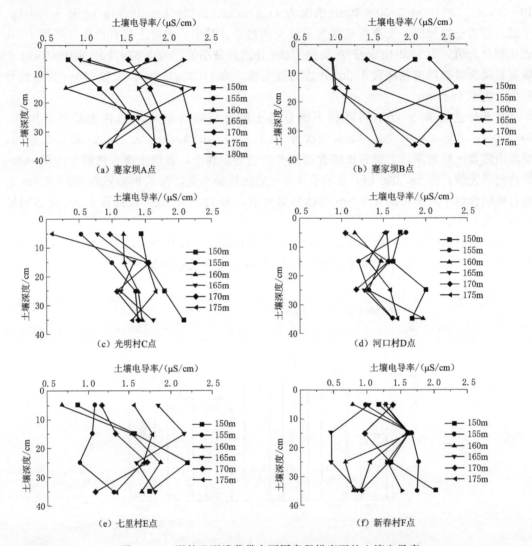

图 2-12　野外监测消落带在不同高程梯度下的土壤电导率

对 6 个消落带在不同高程梯度下的表层土壤电导率进行分析，结果如图 2-13 所示，不同高程梯度下的消落带土壤电导率不具有显著差异性。

6. 土壤温度

通过便携式仪器对 6 个消落带在不同高程梯度下的分层土壤温度进行野外监测，结果如图 2-14 所示，不同高程的不同深度土壤温度变化幅度不大，塞家坝消落带 A 点、B 点不同高程的土壤温度具有一定的空间差异性，其中塞家坝消落带 B 点和河口村消落带 D 点在 150m 处的土壤温度较低，且表层土温低于深层土温。光明村消落带 C 点在 170m 处的

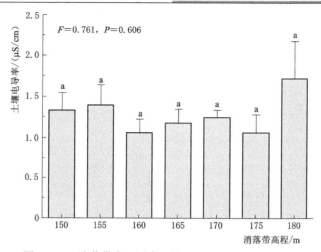

图 2-13 消落带在不同高程梯度下的表层土壤电导率

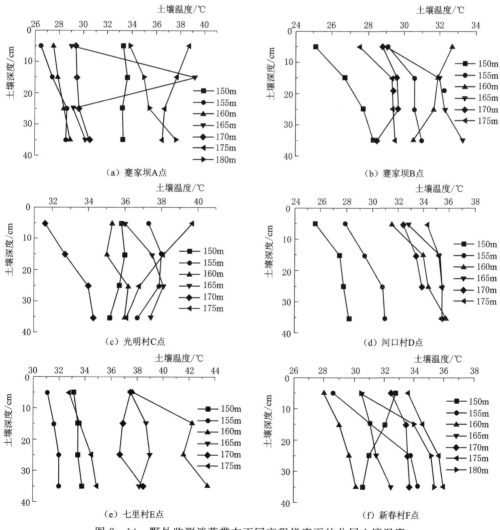

图 2-14 野外监测消落带在不同高程梯度下的分层土壤温度

土壤温度低于其他高程的土壤温度。七里村消落带 E 点在 155m 处的分层土壤温度低于其他高程的土壤温度，而新春村消落带 F 点在 160m 处的土壤温度低于其他高程的土壤温度。

对 6 个消落带在不同高程梯度下的表层土壤温度进行分析，结果如图 2-15 所示，不同高程梯度下的消落带土壤温度不具有显著差异性。

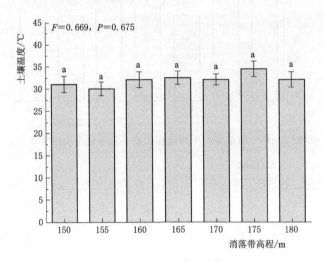

图 2-15　消落带在不同高程梯度下的表层土壤温度

7. 土壤 pH

通过便携式仪器对 6 个消落带在不同高程梯度下的分层土壤 pH 进行野外监测，结果如图 2-16 所示。

塞家坝 A 点黄棕壤消落带 pH 的变化范围为 6.0～7.7。塞家坝 B 点紫色土消落带 pH 的变化范围为 7.6～8.1。光明村 C 点黄棕壤消落带的土壤 pH 变化范围为 5.8～7.7。河口村 D 点紫色土消落带土壤 pH 变化范围为 7.4～8.1。七里村 E 点黄棕壤消落带土壤 pH 变化范围为 7.2～8.1。新春村 F 点紫色土消落带土壤 pH 变化范围为 6.9～8.0。土壤 pH 的变化范围为 5.8～8.1，其中黄棕壤（pH 为 5.8～8.1）为酸性土、中性土和碱性土，而紫色土（pH 为 6.9～8.1）为中性土和碱性土。

对 6 个消落带在不同高程梯度下的表层土壤 pH 进行分析，结果如图 2-17 所示，不同高程梯度下的消落带土壤 pH 不具有显著差异性。

8. 土壤总氮

对 6 个消落带在不同高程梯度下的分层土壤总氮含量进行实验室检测，结果如图 2-18 所示。塞家坝黄棕壤消落带 A 点的土壤总氮含量变化范围为 0.49～1.45mg/kg，表层土壤的总氮含量在高程 165～175m 处达到最大值，为 1.18～1.45mg/kg，在高程 150～160m 处达到最低值，为 0.63～0.76mg/kg。消落带 A 点的不同高程的表层土壤总氮含量平均值高于深层土壤总氮含量，土壤总氮含量随着土壤深度的增加而呈现减少趋势，0～40cm 土壤分层，每 10cm 分一层，从表层到深层土壤总氮含量平均值依次为 1.01mg/kg、0.86mg/kg、0.65mg/kg 和 0.64mg/kg。

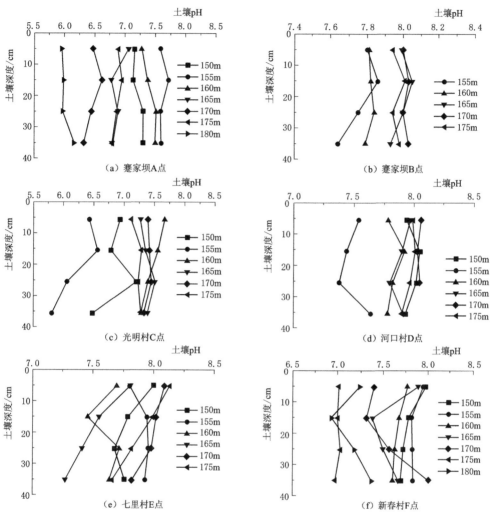

图 2-16 6 个消落带在不同高程梯度下的分层土壤 pH

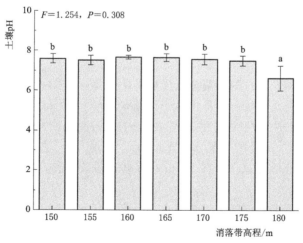

图 2-17 消落带在不同高程梯度下的表层土壤 pH

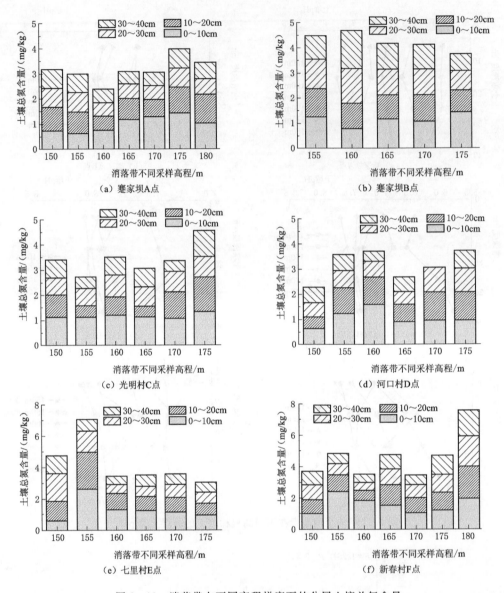

图 2-18　消落带在不同高程梯度下的分层土壤总氮含量

塞家坝紫色土消落带 B 点的土壤总氮含量变化范围为 0.68～1.50mg/kg，表层土壤总氮含量高于深层土壤总氮含量，但是相对于消落带 A 点，消落带 B 点的深层土壤总氮含量较高。消落带 B 点的分层土壤平均值在 0～10cm 为 1.14mg/kg，在 10～20cm 为 1.00mg/kg，在 20～30cm 处的土壤总氮含量为 1.07mg/kg，在 30～40cm 处的土壤总氮含量为 1.02mg/kg。土壤总氮含量在 160m 高程处达到最大值，0～40cm 的土壤总氮含量平均值为 1.17mg/kg。

光明村黄棕壤消落带 C 点的土壤总氮含量变化范围为 0.42～1.37mg/kg，表层土壤总氮含量高于深层土壤总氮含量，消落带 C 点不同水位高程下的分层土壤总氮含量平均值在土层 0～10cm、10～20cm、20～30cm、30～40cm 依次为 1.16mg/kg、0.82mg/kg、

0.78mg/kg 和 0.67mg/kg。土壤 0～40cm 的总氮平均值在高程 155m 处达到最低值，为 0.68mg/kg；在 175m 高程处达到最高值，为 1.14mg/kg。

河口村紫色土消落带 D 点的土壤总氮含量变化范围为 0.41～1.61mg/kg，表层土壤总氮含量高于深层土壤总氮含量，消落带 D 点不同高程下的分层土壤总氮含量平均值在土层 0～10cm、10～20cm、20～30cm、30～40cm 依次为 1.06mg/kg、0.92mg/kg、0.72mg/kg 和 0.59mg/kg。土壤 0～40cm 的总氮平均值在高程 150m 处达到最低值，为 0.57mg/kg；在 170m 高程处达到最高值，为 1.02mg/kg。

七里村黄棕壤消落带 E 点的土壤总氮含量变化范围为 0.53～2.61mg/kg，表层土壤总氮含量高于深层土壤总氮含量，消落带 E 点不同高程下的分层土壤总氮含量平均值在土层 0～10cm、10～20cm、20～30cm、30～40cm 依次为 1.31mg/kg、1.21mg/kg、0.98mg/kg 和 0.73mg/kg。土壤 0～40cm 的总氮平均值在高程 175m 处达到最低值，为 0.76mg/kg；在 155m 高程处达到最高值，为 1.76mg/kg。

河口村紫色土消落带 F 点的土壤总氮含量变化范围为 0.5～2.45mg/kg，表层土壤总氮含量高于深层土壤总氮含量，消落带 F 点不同高程下的分层土壤总氮含量平均值在土层 0～10cm、10～20cm、20～30cm、30～40cm 依次为 1.57mg/kg、1.14mg/kg、1.02mg/kg 和 0.91mg/kg。土壤 0～40cm 的总氮平均值在高程 170m 处达到最低值，为 0.86mg/kg，在 180m 高程处达到最高值，为 1.89mg/kg，推测可能与较高高程的土壤为农用土地施肥有关。

对 6 个消落带在不同高程梯度下的表层土壤总氮进行分析，结果如图 2-19 所示，不同高程梯度下的消落带土壤总氮不具有显著差异性。

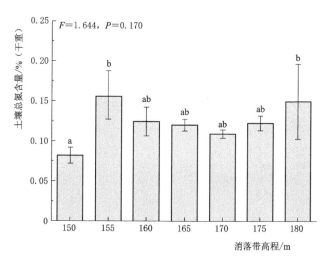

图 2-19 消落带在不同高程梯度下的表层土壤总氮含量

9. 土壤总磷及磷分级

对 6 个消落带在不同高程梯度下的分层土壤总磷含量进行实验室检测，结果如图 2-20 所示。寨家坝黄棕壤消落带 A 点的土壤总磷含量变化范围为 190.46～861.99mg/kg，表层土壤总磷含量高于深层土壤总磷含量，消落带 A 点不同高程下的分层土壤总磷含量平均值在土层 0～10cm、10～20cm、20～30cm、30～40cm 依次为 520.46mg/kg、402.66mg/kg、366.97mg/kg 和 341.43mg/kg。土壤 0～40cm 的总磷平均值在高程 170m 处达到最低值，为 248.33mg/kg；在 155m 高程处达到最高值，为 652.20mg/kg。

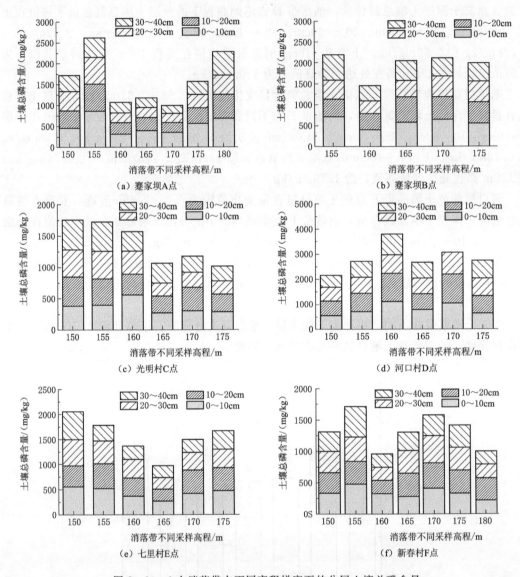

图 2-20　6 个消落带在不同高程梯度下的分层土壤总磷含量

蹇家坝紫色土消落带 B 点的土壤总磷含量变化范围为 304.81～704.12mg/kg，表层土壤总磷含量高于深层土壤总磷含量，消落带 B 点不同高程下的分层土壤总磷含量平均值在土层 0～10cm、10～20cm、20～30cm、30～40cm 依次为 573.53mg/kg、488.72mg/kg、433.76mg/kg 和 463.50mg/kg，即随着土壤深度的增加，土壤总磷含量降低。土壤 0～40cm 的总磷平均值在高程 160m 处达到最低值，为 362.29mg/kg；在 155m 高程处达到最高值，为 549.06mg/kg。

光明村黄棕壤消落带C点的土壤总磷含量变化范围为206.96～559.54mg/kg，表层土壤总磷含量高于深层土壤总磷含量，消落带C点不同高程下的分层土壤总磷含量平均值在土层0～10cm、10～20cm、20～30cm、30～40cm依次为366.96mg/kg、356.07mg/kg、314.88mg/kg和346.04mg/kg。土壤0～40cm的总磷平均值在高程175m处达到最低值，为252.28mg/kg；在150m高程处达到最高值，为438.98mg/kg。

河口村紫色土消落带D点的土壤总磷含量变化范围为481.82～1168.70mg/kg，表层土壤总磷含量高于深层土壤总磷含量，消落带D点不同高程下的分层土壤总磷含量平均值在土层0～10cm、10～20cm、20～30cm、30～40cm依次为810.88mg/kg、824.88mg/kg、681.23mg/kg和658.27mg/kg。土壤0～40cm的总磷平均值在高程150m处达到最低值，为541.42mg/kg；在170m高程处达到最高值，为1018.83mg/kg。

七里村黄棕壤消落带E点的土壤总磷含量变化范围为221.36～554.09mg/kg，表层土壤总磷含量高于深层土壤总磷含量，消落带E点不同高程下的分层土壤总磷含量平均值在土层0～10cm、10～20cm、20～30cm、30～40cm依次为435.80mg/kg、405.41mg/kg、382.89mg/kg和332.87mg/kg。土壤0～40cm的总磷平均值在高程165m处达到最低值，为242.62mg/kg；在150m高程处达到最高值，为513.59mg/kg。

新春村紫色土消落带F点的土壤总磷含量变化范围为203.64～488.62mg/kg，表层土壤总磷含量高于深层土壤总磷含量，消落带F点不同高程下的分层土壤总磷含量平均值在土层0～10cm、10～20cm、20～30cm、30～40cm依次为340.96mg/kg、341.57mg/kg、327.85mg/kg和313.09mg/kg。土壤0～40cm的总磷平均值在高程180m处达到最低值，为248.09mg/kg；在155m高程处达到最高值，为428.71mg/kg。

对6个消落带在不同高程梯度下的表层土壤总磷进行分析，结果如图2-21所示，不同高程梯度下的消落带土壤总磷不具有显著差异性。

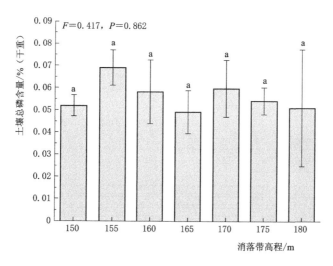

图2-21　消落带在不同高程梯度下的表层土壤总磷含量

大宁河塞家坝A点消落带在不同高程梯度下土壤剖面中磷化学形态的变化趋势如图2-22所示，土体主要部分是rest-P和NaOH-P，随着深度增加rest-P呈现降低趋势，土壤中的有机磷一部分来自于生物残体，导致土壤中有机磷随深度变少的原因可能是土壤生物随深度变化而导致。150～155m，NaOH-P 含量随着深度的增加而降低。这是由于 NaOH-P 是易解吸部分，随氧化还原环境的变化而变化（刘浏等，2003）。在淹水时非晶矿物变得有序化，铁的氧化物和氢氧化物与磷的结合能力随之减弱（潘成荣等，2007）。溶解氧随着深度增加不断降低，氧化还原电位随之降低，Fe^{3+} 被还原成 Fe^{2+}，使土壤深处被 Fe^{3+} 固定的磷释放入孔隙水，在落干时由于蒸发作用，向上迁移。同时氧化还原电位较高的表层沉积物 Fe^{3+} 抑制了磷酸根的流失（王雨春等，2004），使 NaOH-P 在表面堆积。

根据图 2-22、表 2-5 的结果可以看出，塞家坝 A 点消落带不同高程下不同分层土壤中 rest-P、Ca-P、NaOH-P、BD-P、NH_4Cl-P 含量的变化范围依次为 67.48～439.01mg/kg（平均值 214.65mg/kg）、2.22～120.53mg/kg（平均值 17.14mg/kg）、68.35～318.12mg/kg（平均值 160.02mg/kg）、1.59～72.89mg/kg（平均值 16.47mg/kg）、0.07～7.68mg/kg（平均值 0.77mg/kg）。土壤 0～40cm 的 rest-P 平均值在高程 170m 处达到最低值，为 138.33mg/kg；在高程 155m 处达到最高值，为 343.61mg/kg。土壤 0～40cm 的 Ca-P 平均值在高程 165m 处达到最低值，为 5.01mg/kg；在高程 150m 处达到最高值，为 35.84mg/kg。土壤 0～40cm 的 NaOH-P 平均值在高程 170m 处达到最低值，为 93.28mg/kg；在高程 155m 处达到最高值，为 246.95mg/kg。土壤 0～40cm 的 BD-P 平均值在高程 170m 处达到最低值，为 3.07mg/kg；在高程 175m 处达到最高值，为

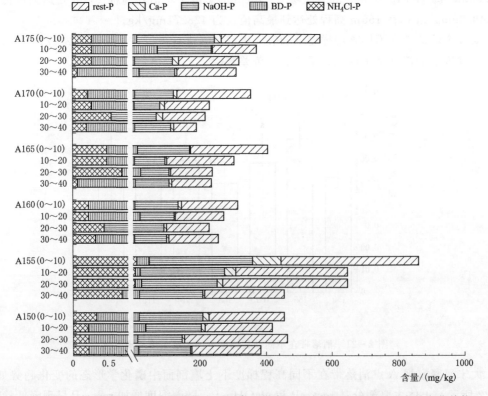

图 2-22 大宁河塞家坝 A 点消落带在不同高程梯度下土壤剖面中磷化学形态的变化趋势

26.52mg/kg。土壤 0～40cm 的 NH_4Cl-P 平均值在高程 175m 处达到最低值，为 0.23mg/kg；在高程 155m 处达到最高值，为 3.60mg/kg。

表 2-5　　　　塞家坝 A 点消落带在不同高程梯度下的土壤（0～40cm）

磷化学形态分布情况　　　　　　　单位：mg/kg

高程	rest-P	Ca-P	NaOH-P	BD-P	NH_4Cl-P	TP
A150	212.02±37.66	35.84±28.29	163.04±12.10	19.03±5.71	0.26±0.03	430.18±18.45
A155	343.61±38.20	35.34±18.05	246.95±25.07	22.70±5.58	3.60±1.50	652.20±83.51
A160	147.66±8.36	7.03±1.51	105.89±9.02	8.44±4.80	0.31±0.05	267.22±18.24
A165	169.83±28.00	5.01±1.19	110.19±16.26	10.31±3.95	0.45±0.14	295.78±40.03
A170	138.33±31.59	14.11±2.08	93.28±11.81	3.07±0.64	0.32±0.08	248.33±36.29
A175	198.68±36.10	11.83±4.47	154.73±28.99	26.52±15.84	0.23±0.05	391.98±59.80
A180	292.43±60.60	10.82±3.26	246.10±25.80	19.87±2.53	0.26±0.03	569.48±46.62

大宁河塞家坝 B 点消落带在不同高程梯度下土壤剖面中磷化学形态的变化趋势如图 2-23 所示，可以看出，支流汇入口在深度剖面上，Ca-P、NaOH-P、BD-P 含量随深度下降，含量逐步降低。对比大宁河回水区，支流汇入口 Ca-P 从 150～175m 呈现增加趋势，沿土壤剖面下降呈现减少趋势，说明支流汇入口水动力学因素对土壤 Ca-P 含量影响较大。rest-P、NH_4Cl-P 随深度变化不明显。

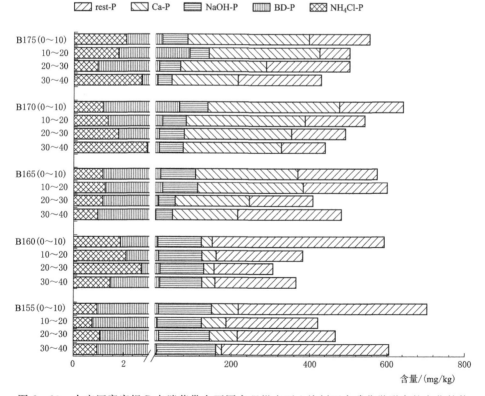

图 2-23　大宁河塞家坝 B 点消落带在不同高程梯度下土壤剖面中磷化学形态的变化趋势

根据图 2-23、表 2-6 可以看出，塞家坝 B 点消落带在不同高程下不同分层土壤中 rest-P、Ca-P、NaOH-P、BD-P、NH$_4$Cl-P 含量的变化范围依次为 76.93～486.77mg/kg（平均值 213.78mg/kg）、13.91～336.47mg/kg（平均值 169.55mg/kg）、35.90～151.99mg/kg（平均值 84.99mg/kg）、5.30～90.85mg/kg（平均值 19.97mg/kg）、0.76～2.96mg/kg（平均值 1.59mg/kg）。土壤 0～40cm 的 rest-P 平均值在高程 170m 处达到最低值，为 142.56mg/kg；在水位高程 155m 处达到最高值，为 343.14mg/kg。土壤 0～40cm 的 Ca-P 平均值在高程 160m 处达到最低值，为 31.45mg/kg；在高程 170m 处达到最高值，为 290.60mg/kg。土壤 0～40cm 的 NaOH-P 平均值在高程 175m 处达到最低值，为 31.45mg/kg；在高程 170m 处达到最高值，为 290.60mg/kg。土壤 0～40cm 的 BD-P 平均值在高程 155m 处达到最低值，为 11.27mg/kg；在高程 175m 处达到最高值，为 32.91mg/kg。土壤 0～40cm 的 NH$_4$Cl-P 平均值在高程 155m 处达到最低值，为 0.95mg/kg；在高程 160m 处达到最高值，为 2.07mg/kg。

表 2-6　　　　塞家坝 B 点消落带在不同高程梯度下的土壤（0～40cm）磷化学形态分布情况　　　　单位：mg/kg

高程	rest-P	Ca-P	NaOH-P	BD-P	NH$_4$Cl-P	TP
B155	343.14±68.14	60.69±16.57	133.01±7.98	11.27±1.21	0.95±0.07	549.05±64.78
B160	205.51±20.65	31.45±2.12	109.96±1.00	13.30±1.45	2.07±0.26	362.29±20.38
B165	212.47±21.57	220.33±25.98	66.24±12.99	14.61±3.88	1.16±0.07	514.81±44.14
B170	142.56±11.22	290.60±18.84	64.70±2.76	27.76±12.51	1.84±0.40	527.45±42.82
B175	165.23±32.47	244.66±31.74	51.07±6.13	32.91±19.50	1.92±0.37	495.78±25.47

大宁河光明村 C 点消落带在不同高程梯度下土壤剖面中磷化学形态的变化趋势如图 2-24 所示，可以看出，黄壤主要的磷形态为 NaOH-P 和 rest-P，其余的磷形态含量极低，在 150～160m NaOH-P 含量随着深度增加而增加，在 160～175m NaOH-P 含量随深度增加而减少。150～160m，rest-P 含量随深度增加而减少，在 165～175m，rest-P 含量趋于稳定。说明频繁的淹水或淹水时间较长使深层 rest-P 中被铁氧化物胶膜包裹的还原性磷酸盐在还原条件下被释放出来，在下次出露时又转化为 NaOH-P，使得在 150～160m，NaOH-P 随着深度变化而增加，而在 165～175m 由于淹水时间少，rest-P 较难转化成 NaOH-P，而是通过蒸发作用使间隙水中的 Fe^{3+} 富集于表面，增加了土壤表面对磷的吸附。Ca-P、BD-P 和 NH$_4$Cl-P 由于含量低，规律不明显。

根据图 2-24、表 2-7 可以看出，光明村 C 点消落带在不同高程下不同分层土壤中 rest-P、Ca-P、NaOH-P、BD-P、NH$_4$Cl-P 含量的变化范围依次为 20.54～193.63mg/kg（平均值 117.16mg/kg）、2.82～222.62mg/kg（平均值 17.32mg/kg）、57.59～421.02mg/kg（平均值 191.11mg/kg）、4.04～168.30mg/kg（平均值 19.68mg/kg）、0.09～2.62mg/kg（平均值 0.73mg/kg）。土壤 0～40cm 的 rest-P 平均值在高程 155m 处达到最低值，为 74.44mg/kg；在高程 175m 处达到最高值，为 152.52mg/kg。土壤 0～40cm 的 Ca-P 平均值在高程 150m 处达到最低值，为 5.74mg/kg；在高程 160m 处达到最高值，为 62.15mg/kg。土壤 0～40cm 的 NaOH-P 平均值在高程 175m 处达到最低值，

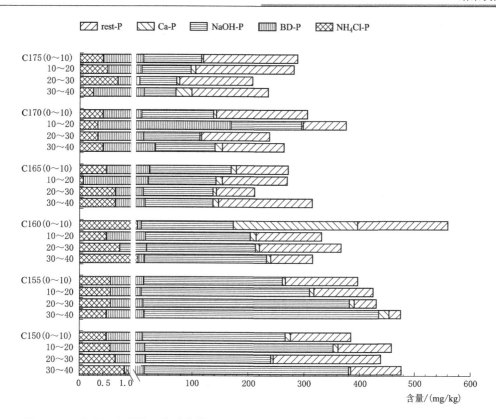

图 2-24　大宁河光明村 C 点消落带在不同高程梯度下土壤剖面中磷化学形态的变化趋势

为 79.17mg/kg；在高程 155m 处达到最高值，为 335.07mg/kg。土壤 0~40cm 的 BD-P平均值在高程 175m 处达到最低值，为 9.04mg/kg；在高程 170m 处达到最高值，为54.91mg/kg。土壤 0~40cm 的 NH_4Cl-P 平均值在高程 170m 处达到最低值，为0.44mg/kg；在高程 160m 处达到最高值，为 1.42mg/kg。

表 2-7　　　　　　光明村 C 点消落带在不同高程梯度下的土壤（0~40cm）
磷化学形态分布情况　　　　　　　　　单位：mg/kg

高程	rest-P	Ca-P	NaOH-P	BD-P	NH_4Cl-P	TP
C150	122.94±23.82	5.74±1.73	295.81±33.48	13.74±1.21	0.74±0.08	438.98±19.80
C155	74.44±26.15	9.87±2.95	335.07±37.90	10.98±1.31	0.65±0.02	431.00±16.10
C160	125.09±19.59	62.15±53.50	191.50±10.83	12.61±2.42	1.42±0.46	392.77±56.63
C165	110.68±21.15	9.14±1.01	129.04±5.63	16.81±2.86	0.55±0.16	266.22±21.22
C170	117.28±17.55	6.00±2.51	116.05±6.81	54.91±38.18	0.44±0.03	294.68±30.11
C175	152.52±11.26	11.00±5.80	79.17±10.42	9.04±1.87	0.55±0.11	252.28±19.03

　　大宁河河口村 D 点消落带在不同高程梯度下土壤剖面中磷化学形态的变化趋势如图2-25 所示，可以看出，土壤剖面深度的增加，只有 Ca-P 呈现递减趋势，NaOH-P 含量趋于稳定，这说明紫壤氧化铁含量低，大部分与磷结合成难溶性的盐基磷酸铁，不易释放于水体中。rest-P、BD-P 和 NH_4Cl-P 变化无明显规律。

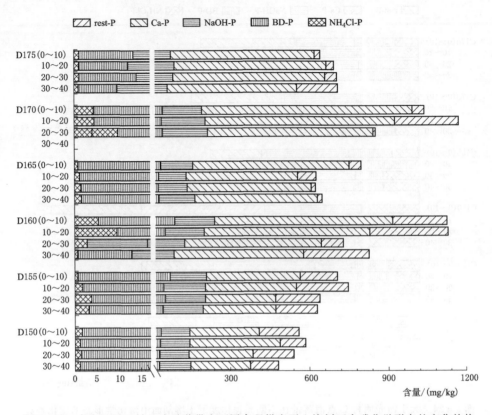

图 2-25　大宁河河口村 D 点消落带在不同高程梯度下土壤剖面中磷化学形态的变化趋势

根据图 2-25、表 2-8 可以看出，河口村 D 点消落带在不同高程下不同分层土壤中 rest-P、Ca-P、NaOH-P、BD-P、NH_4Cl-P 含量的变化范围依次为 7.36～299.81mg/kg（平均值 116.93mg/kg）、228.73～798.91mg/kg（平均值 474.74mg/kg）、53.44～173.38mg/kg（平均值 121.60mg/kg）、8.74～83.13mg/kg（平均值 31.45mg/kg）、0.62～9.85mg/kg（平均值 2.66mg/kg）。

表 2-8　河口村 D 点消落带在不同高程梯度下的土壤（0～40cm）
磷化学形态分布情况　　　　　　　　　　　　　　单位：mg/kg

高程	rest-P	Ca-P	NaOH-P	BD-P	NH_4Cl-P	TP
D150	126.21±15.51	269.47±25.48	116.20±1.95	28.21±1.07	1.32±0.12	541.42±21.71
D155	165.09±11.81	310.65±22.93	152.56±4.49	49.47±6.83	2.34±0.72	680.12±28.33
D160	209.36±45.90	578.01±43.26	122.12±19.13	37.40±16.58	4.62±1.91	951.53±102.51
D165	35.58±12.62	487.59±36.13	120.57±7.30	28.11±2.66	1.22±0.18	673.06±41.62
D170	98.56±72.99	714.71±49.79	164.14±6.39	35.15±1.49	6.26±1.79	1018.84±92.63
D175	62.20±30.91	547.99±20.51	64.61±4.91	11.27±0.93	1.08±0.05	687.16±15.25

土壤 0～40cm 的 rest-P 平均值在高程 165m 处达到最低值，为 35.58mg/kg；在高程 160m 达到最高值，为 209.36mg/kg。土壤 0～40cm 的 Ca-P 平均值在高程 150m 处达

到最低值，为 269.47mg/kg；在高程 170m 处达到最高值 714.71mg/kg。土壤 0～40cm 的 NaOH－P 平均值在高程 175m 处达到最低值，为 64.61mg/kg；在高程 170m 处达到最高值，为 164.14mg/kg。土壤 0～40cm 的 BD－P 平均值在高程 175m 处达到最低值，为 11.27mg/kg；在高程 155m 处达到最高值，为 49.47mg/kg。土壤 0～40cm 的 $NH_4Cl－P$ 平均值在高程 175m 处达到最低值，为 1.08mg/kg；在高程 170m 处达到最高值，为 6.26mg/kg。

根据图 2-26、表 2-9 可以看出，七里村 E 点消落带在不同高程下不同分层土壤中 rest－P、Ca－P、NaOH－P、BD－P、$NH_4Cl－P$ 含量的变化范围依次为 57.77～223.91mg/kg（平均值 127.20mg/kg）、4.17～319.86mg/kg（平均值 75.90mg/kg）、93.42～299.94mg/kg（平均值 173.19mg/kg）、0.00～26.44mg/kg（平均值 12.33mg/kg）、0.00～2.40mg/kg（平均值 0.62mg/kg）。土壤 0～40cm 的 rest－P 平均值在高程 165m 处达到最低值，为 99.45mg/kg；在高程 150m 处达到最高值，为 152.57mg/kg。土壤 0～40cm 的 Ca－P 平均值在高程 165m 处达到最低值，为 9.88mg/kg；在高程 155m 处达到最高值，为 175.54mg/kg。土壤 0～40cm 的 NaOH－P 平均值在高程 165m 处达到最低值，为 123.28mg/kg；在高程 160m 处达到最高值，为 196.28mg/kg。土壤 0～40cm 的 BD－P 平均值在高程 150m 处达到最低值，为 8.52mg/kg；在高程 175m 处达到最高值，为 16.97mg/kg。土壤 0～40cm 的 $NH_4Cl－P$ 平均值在高程 150m 处达到最低值，为 0.32mg/kg；在高程 170m 处达到最高值，为 1.19mg/kg。

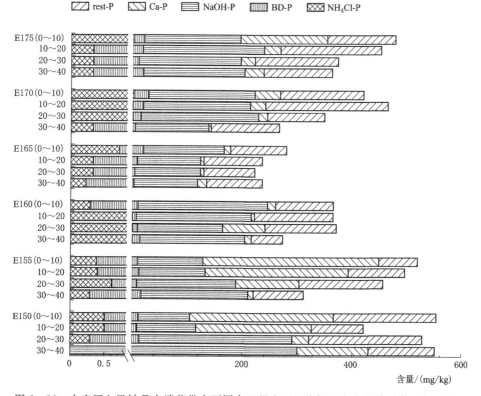

图 2-26　大宁河七里村 E 点消落带在不同高程梯度下土壤剖面中磷化学形态的变化趋势

表 2-9　　　　　七里村 E 点消落带在不同高程梯度下的土壤（0~40cm）
磷化学形态分布情况　　　　　　　单位：mg/kg

高程	rest-P	Ca-P	NaOH-P	BD-P	NH₄Cl-P	TP
E150	152.57±26.98	157.67±50.17	194.51±54.68	8.52±2.96	0.32±0.12	513.59±31.36
E155	104.93±17.70	175.54±70.21	152.37±19.69	12.37±1.71	0.41±0.07	445.62±46.79
E160	109.01±18.77	27.05±16.58	196.28±16.62	10.11±1.62	0.71±0.14	343.16±23.46
E165	99.45±2.82	9.88±2.91	123.28±7.37	9.62±3.77	0.39±0.11	242.62±12.37
E170	150.95±26.19	23.27±8.85	182.57±17.06	16.37±4.53	1.19±0.44	374.35±43.45
E175	146.32±14.02	62.01±32.06	190.10±9.78	16.97±2.21	0.71±0.40	416.12±28.85

根据图 2-27、表 2-10 可以看出，新春村 F 点消落带在不同高程下不同分层土壤中 rest-P、Ca-P、NaOH-P、BD-P、NH₄Cl-P 含量的变化范围依次为 72.53~214.18mg/kg（平均值 139.26mg/kg）、3.23~244.56mg/kg（平均值 74.96mg/kg）、44.41~205.62mg/kg（平均值 102.31mg/kg）、2.02~32.01mg/kg（平均值 13.71mg/kg）、0.03~1.40mg/kg（平均值 0.62mg/kg）。土壤 0~40cm 的 rest-P 平均值在高程 180m 处达到最低值，为 122.64mg/kg；在高程 155m 处达到最高值，为 158.84mg/kg。土壤 0~40cm 的 Ca-P 平均值在高程 160m 处达到最低值，为 16.97mg/kg；在高程 170m 处达到最高值，为 138.54mg/kg。土壤 0~40cm 的 NaOH-P 平均值在高程 175m 处达到最低

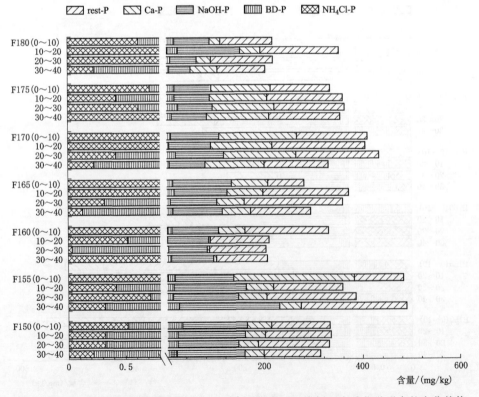

图 2-27　大宁河新春村 F 点消落带在不同高程梯度下土壤剖面中磷化学形态的变化趋势

值，为 73.32mg/kg；在高程 155m 处达到最高值，为 152.10mg/kg。土壤 0～40cm 的 BD－P 平均值在高程 160m 处达到最低值，为 6.04mg/kg；在高程 150m 处达到最高值，为 23.52mg/kg。土壤 0～40cm 的 $NH_4Cl－P$ 平均值在高程 150m 处达到最低值，为 0.34mg/kg；在高程 180m 处达到最高值，为 0.77mg/kg。

表 2-10　　新春村 F 点消落带在不同高程梯度下的土壤 （0～40cm）
磷化学形态分布情况　　　　单位：mg/kg

高程	rest－P	Ca－P	NaOH－P	BD－P	NH₄Cl－P	TP
F150	127.36±6.64	42.14±2.27	133.96±3.32	23.52±2.85	0.34±0.06	327.31±5.01
F155	158.84±24.59	100.51±48.12	152.10±18.71	16.57±2.77	0.69±0.22	428.71±33.35
F160	127.33±14.51	16.97±12.44	86.31±3.35	6.04±1.87	0.64±0.25	237.28±31.03
F165	141.88±28.12	65.72±4.97	106.40±5.46	11.97±1.58	0.52±0.17	326.48±22.72
F170	156.98±13.24	138.54±8.74	89.27±6.02	9.18±3.37	0.69±0.22	394.65±22.26
F175	139.78±7.12	124.04±2.53	73.32±1.30	15.69±2.84	0.69±0.12	353.52±6.64
F180	122.64±13.37	36.83±7.06	74.84±18.63	13.01±3.85	0.77±0.25	248.09±34.79

根据图 2-28、表 2-11 可以看出，塞家坝 A 点消落带、塞家坝 B 点消落带、光明村 C 点消落带、河口村 D 点消落带、七里村 E 点消落带和新春村 F 点消落带所对应的大宁河河中心水底沉积物磷的化学形态分布。沉积物柱状样中主要的磷形态为 NaOH－P、Ca－P 和 rest－P，且都随着深度的增加含量增加。这说明沉积物的磷呈积累趋势，这可能来自于消落带滑坡等地质灾害现象。

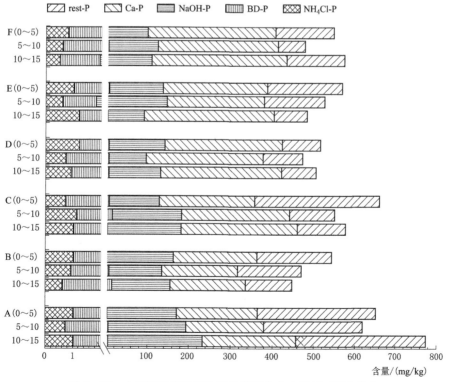

图 2-28　大宁河河底沉积物磷化学形态在底泥剖面深度分布

表 2 - 11　　　　　大宁河 6 个消落带对应河中心河底沉积物磷化学形态

在底泥剖面深度分布　　　　　　单位：mg/kg

编号	rest - P	Ca - P	NaOH - P	BD - P	NH$_4$Cl - P	TP	TN
A	281.63±22.25	200.60±11.88	195.51±17.68	3.12±0.94	0.92±0.10	681.78±46.97	1.74±0.18
B	148.30±19.75	188.40±6.61	143.25±9.17	6.66±3.30	0.85±0.12	487.45±28.77	1.77±0.03
C	176.08±63.74	255.53±14.83	155.76±17.55	7.06±3.14	0.95±0.12	595.38±33.09	1.09±0.10
D	91.23±3.20	283.84±2.77	117.48±13.68	4.14±0.24	0.95±0.15	497.64±12.99	1.15±0.20
E	136.09±29.41	264.64±24.56	121.46±17.46	2.17±1.05	0.95±0.18	525.31±24.51	1.43±0.11
F	115.33±25.03	306.79±10.62	107.58±6.82	1.76±0.45	0.64±0.09	532.11±28.72	0.98±0.14

2.4.3　消落带土壤理化性质的相关分析

通过分析 6 个消落带表层土壤的含水率、容重、孔隙度、pH、电导率、土壤温度、NH$_4$Cl - P、BD - P、NaOH - P、Ca - P、TN、TP、rest - P 等 13 个指标的 Spearman 秩相关关系（表 2 - 12），可以看出，土壤容重和土壤孔隙度呈显著负相关关系（$r=-1.00$，$P<0.01$）；土壤 pH 与土壤 NH$_4$Cl - P（$r=0.60$，$P<0.01$）、BD - P（$r=0.40$，$P<0.05$）、Ca - P（$r=0.66$，$P<0.01$）呈显著正相关关系。

表 2 - 12　　　　　　　消落带土壤理化性质的 Spearman 秩相关关系

参数	含水率	容重	孔隙度	pH	电导率	土壤温度	NH$_4$Cl - P	BD - P	NaOH - P	Ca - P	TN	TP	rest - P
含水率	1.00												
容重	−0.31	1.00											
孔隙度	0.31	−1.00**	1.00										
pH	−0.37	0.14	−0.13	1.00									
电导率	0.08	−0.02	0.01	0.04	1.00								
土壤温度	−0.03	−0.07	0.07	−0.10	−0.31	1.00							
NH$_4$Cl - P	−0.51	0.33*	−0.33	0.60**	0.03	−0.20	1.00						
BD - P	−0.33	0.33*	−0.32	0.40*	0.14	−0.11	0.45**	1.00					
NaOH - P	0.23	−0.10	0.11	−0.32	0.19	0.27	−0.13	0.10	1.00				
Ca - P	−0.38	0.17	−0.16	0.66**	0.06	−0.33	0.56**	0.44**	−0.37	1.00			
TN	0.04	−0.39	0.39*	−0.21	−0.12	−0.09	−0.09	−0.15	−0.14	−0.07	1.00		
TP	−0.01	0.06	−0.06	0.15	0.28	−0.25	0.44**	0.38*	0.26	0.52**	−0.14	1.00	
rest - P	0.30	−0.22	0.21	−0.52	0.20	−0.21	−0.05	−0.25	0.33*	−0.45	0.09	0.28	1.00

注　　＊ 在置信度（双测）为 0.05 时，相关性是显著的。

　　　＊＊ 在置信度（双测）为 0.01 时，相关性是显著的。

消落带土壤 NH$_4$Cl - P 分别与 BD - P（$r=0.45$，$P<0.01$）、Ca - P（$r=0.56$，$P<0.01$）、TP（$r=0.44$，$P<0.01$）呈显著正相关关系。土壤 BD - P 与 Ca - P（$r=0.44$，$P<0.01$）、TP（$r=0.38$，$P<0.05$）呈显著正相关关系。

土壤 NaOH-P 与 rest-P（$r=0.33$，$P<0.05$）呈显著正相关关系，Ca-P 与 TP（$r=0.52$，$P<0.01$）呈显著正相关关系。

2.5 土壤要素对水位波动的响应规律

逐月采集了消落带在不同高程下的土壤，并检测了 pH、电导率、有机质、总碳、总磷、总氮、铵态氮、硝态氮、亚硝态氮、微生物氮含量的变化情况，结果如图 2-29 所示，由于三峡水库调节以及雨季降水等原因，会造成库区水位波动，因此采集的消落带土壤样品会因水位波动发生变化。

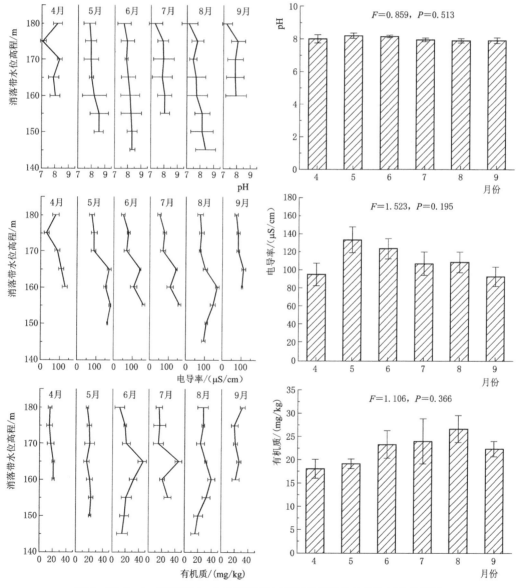

图 2-29（一） 落干期 4—9 月消落带在不同高程下的土壤特征变化情况

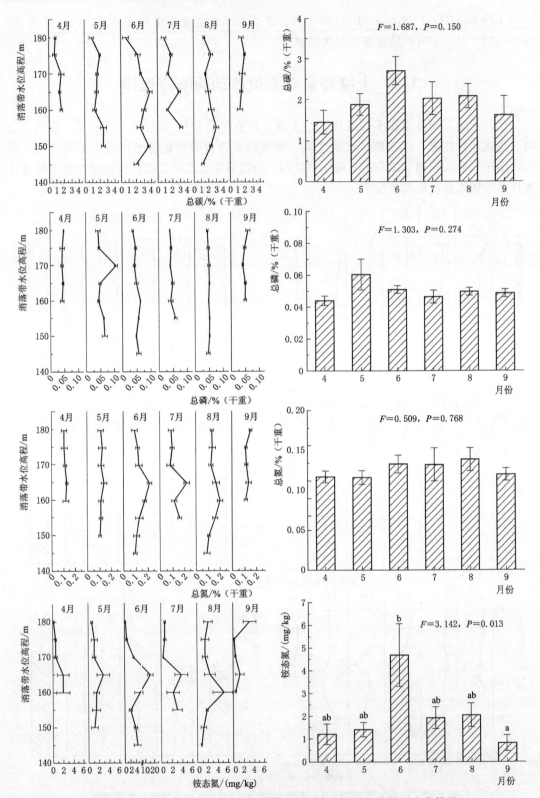

图 2-29（二）　落干期 4—9 月消落带在不同高程下的土壤特征变化情况

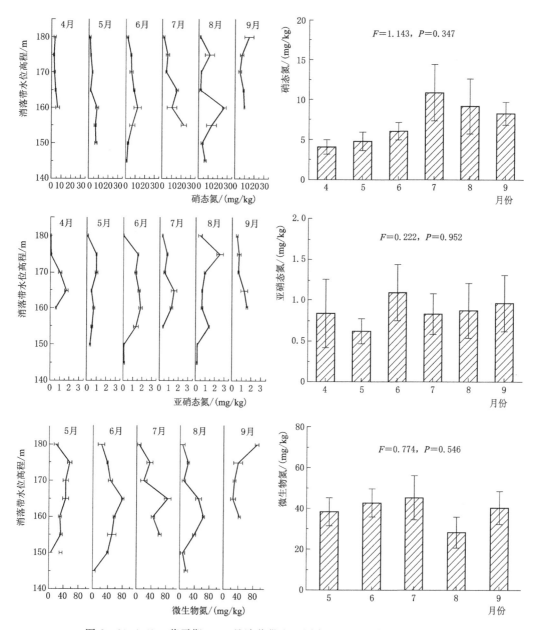

图 2-29（三）　落干期 4—9 月消落带在不同高程下的土壤特征变化情况

其中，消落带土壤整个消落期的 pH 变化范围为 6.64～8.80，变化率为 1.33 倍。消落带在高程 145m 处的土壤 pH 在 4—9 月期间的变化率最小，为 1.00 倍；在 175m 处的土壤 pH 在 4—9 月的变化率最大，为 1.14 倍，从 4 月的 7.09 增长到 9 月的 8.10。消落带月平均 pH 之间不存在显著差异性。

消落带土壤整个消落期的电导率变化范围为 29.83～213.90μS/cm，变化率为 7.17 倍。消落带在高程 145m 处的土壤电导率在 4—9 月期间的变化率最小，为 1.33 倍；在 175m 处的土壤电导率在 4—9 月的变化率最大，为 2.95 倍。消落带月平均电导率之间不存在显著差异性。

消落带土壤整个消落期的有机质变化范围为 8.95～70.69mg/kg，变化率为 7.90 倍。消落带在高程 145m 处的土壤有机质在 4—9 月期间的变化率最小，为 1.06 倍；在 165m 处的土壤有机质在 4—9 月的变化率最大，为 3.05 倍。6—8 月，消落带土壤有机质含量处于较高水平。消落带月平均有机质含量不存在显著差异性。

消落带土壤整个消落期的总碳变化范围为 0.51～4.87（％干重），变化率为 9.53 倍。消落带在高程 155m 处的土壤总碳在 4—9 月期间的变化率最小，为 1.26 倍；在高程 175m 处的土壤总碳在 4—9 月的变化率最大，为 2.99 倍。6 月，消落带土壤总碳含量处于较高水平。消落带月平均总碳含量不存在显著差异性。

消落带土壤整个消落期的总磷变化范围为 0.03～0.17（％干重），变化率为 6.57 倍。消落带在高程 175m 处的土壤总磷在 4—9 月期间的变化率最小，为 1.11 倍；在高程 170m 处的土壤总磷在 4—9 月的变化率最大，为 2.64 倍。5 月，消落带土壤总磷含量处于较高水平。消落带月平均总磷含量不存在显著差异性。

消落带土壤整个消落期的总氮变化范围为 0.07～0.32（％干重），变化率为 4.68 倍。消落带在高程 150m 处的土壤总氮在 4—9 月期间的变化率最小，为 1.03 倍；在高程 160m 处的土壤总氮在 4—9 月的变化率最大，为 1.84 倍。6—8 月，消落带土壤总氮含量处于较高水平。消落带月平均总氮含量不存在显著差异性。

消落带土壤整个消落期的铵态氮变化范围为 0.09～18.94mg/kg，变化率为 215.03 倍。消落带在高程 155m 处的土壤铵态氮在 4—9 月期间的变化率最小，为 2.18 倍；在高程 160m 处的土壤铵态氮在 4—9 月的变化率最大，为 13.73 倍。6 月，消落带土壤铵态氮含量处于显著高于其他月份的水平。

消落带土壤整个消落期的硝态氮变化范围为 0.19～52.58mg/kg，变化率为 282.88 倍。消落带在高程 170m 处的土壤硝态氮在 4—9 月期间的变化率最小，为 2.09 倍；在高程 180m 处的土壤硝态氮在 4—9 月的变化率最大，为 11.44 倍，消落带在高程 165m 处土壤硝态氮的变化率为 8.40 倍。消落带月平均硝态氮含量不存在显著差异性。

消落带土壤整个消落期的亚硝态氮变化范围为 0.01～4.69mg/kg，变化率为 497.41 倍。消落带在高程 145m 处的土壤亚硝态氮在 4—9 月期间的变化率最小，为 1.33 倍；在高程 180m 处的土壤亚硝态氮在 4—9 月的变化率最大，为 53.17 倍，消落带在高程 175m 处土壤亚硝态氮的变化率为 37.79 倍。消落带月平均亚硝态氮含量不存在显著差异性。

消落带土壤整个消落期的微生物氮变化范围为 0.79～117.54mg/kg，变化率为 148.78 倍。消落带在高程 155m 处的土壤微生物氮在 4—9 月期间的变化率最小，为 1.94 倍；在高程 180m 处的土壤微生物氮在 4—9 月的变化率最大，为 17.42 倍，消落带在高程 145m 处土壤微生物氮的变化率为 6.88 倍。消落带月平均微生物氮含量不存在显著差异性。

通过三峡库区水文情况，推算了不同采样时间处于不同高程上的消落带点位的落干时间长度，根据不同落干时长拟合了消落带土壤特征的变化规律，结果如图 2-30 所示。可以看出，随着消落带落干时长越长，黄棕壤和紫色土的 pH 都呈显著下降趋势（黄棕壤：

$P<0.001$；紫色土：$P<0.01$）；黄棕壤和紫色土的电导率均呈显著下降趋势（黄棕壤：$P<0.001$；紫色土：$P<0.01$）。随着消落带落干时间的增长，黄棕壤和紫色土的有机质含量并没有显著的变化规律；黄棕壤的土壤总碳含量呈显著下降趋势（$P<0.01$），紫色土的总碳含量呈上升趋势但并不显著。

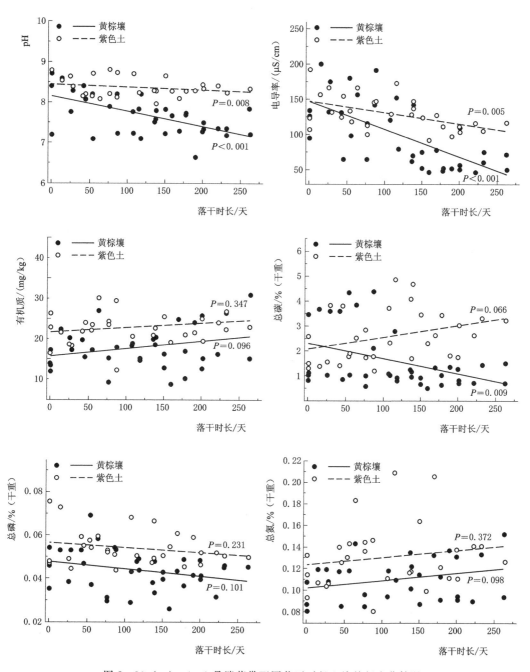

图 2-30（一） 4—9 月消落带不同落干时长土壤特征变化情况

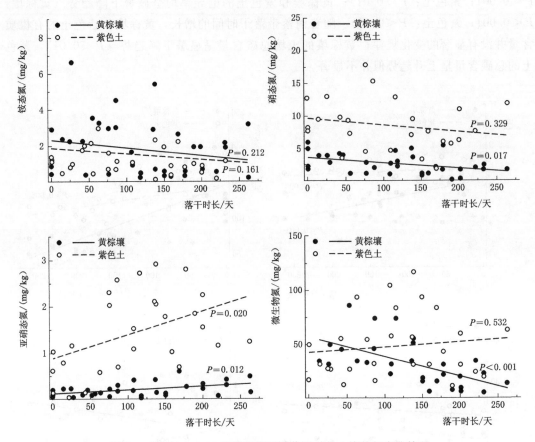

图 2-30（二）　4—9 月消落带不同落干时长土壤特征变化情况

　　黄棕壤和紫色土的土壤总磷、总氮、铵态氮的含量随着落干时长的增长并没有显著的变化趋势；黄壤土的土壤硝态氮随落干时长的增长而呈现显著下降趋势（$P < 0.05$），紫色土的硝态氮含量没有显著的变化趋势。

　　黄棕壤和紫色土的土壤亚硝态氮含量随着落干时长的增长呈显著增加的趋势（黄棕壤：$P < 0.05$；紫色土：$P < 0.05$）；黄棕壤的微生物氮随着落干时长的增加呈显著的下降趋势（$P < 0.001$），紫色土的微生物氮含量随落干时长的增长不具有显著的变化趋势。

2.6　本　章　小　结

　　土壤或沉积物氮池中超过 90% 的氮是有机氮，只有当有机氮被微生物矿化成无机氮时，才能被大多数植物吸收和利用（Schulten and Schnitzer，1997）。无机氮可通过淋溶、地表径流、水位波动和淹水胁迫迅速占据水柱，从而进一步增加水体富营养化的潜在风险（Goodridge and Melack，2014）。自 2003 年以来，三峡地区的长江支流经常遭受富营养化。消落带的沉积物氮释放被认为是影响水体富营养化的最关键的因素之一。沉积物在水体氮循环中发挥着关键作用，并决定氮向水体中的释放（Guntiñas，2012；

Mooshammer et al.，2014；Sun et al.，2013），在水—沉积物界面的氮迁移和转化过程中表层沉积物是最活跃的贡献者（Abera et al.，2012；Mueller and Eissenstat，2012）。三峡库区冬蓄夏排的水位周期变动下对消落带土壤理化性质也会存在一定的扰动。从野外监测及实验室检测结果可以看出，不同海拔高程梯度下的分层土壤理化性质存在差异。通过检测土壤的含水率、容重、孔隙度、有机质、有机碳、电导率、土壤温度、pH、总氮、总磷和磷分级。结果显示：

（1）消落带表层土壤含水率较低，而深层土壤含水率较高。与该年度气象数据及淹水相关，夏季气温高、降雨少，出露的消落带土壤表面蒸发量大，因此呈现表层土壤含水率低于深层土壤的现象。高程 $150\sim155m$ 处的消落带表层土壤含水率大于较高高程处的表层土壤含水率。这与各消落带不同高程梯度距离水面的远近程度直接相关。

（2）大宁河 6 个消落带在不同高程梯度下的分层土壤容重均呈现出表层土壤容重低于深层土壤容重的现象，而土壤孔隙度恰好与土壤容重的规律相反，表层土壤孔隙度普遍大于深层土壤孔隙度。这可能与表层土壤常年受到水冲刷作用，淤积或侵蚀，造成的表面土壤密度较低。

（3）大宁河 6 个消落带在不同高程梯度下的分层土壤有机质和有机碳含量均呈现随着土壤深度加深而减少的趋势。这主要由于表层土壤（$0\sim10cm$）是植物根系及其凋落物主要富集的地方，因此土壤肥力较深层土壤大。

（4）大宁河 6 个消落带在不同高程梯度下的土壤电导率变化范围为 $0.08\sim2.61\mu S/cm$，土壤温度的变化范围为 $25.1\sim43.4℃$。土壤 pH 的变化范围为 $5.8\sim8.1$，其中黄棕壤（pH 为 $5.8\sim8.1$）为酸性土、中性土和碱性土，而紫色土（pH 为 $6.9\sim8.1$）为中性土和碱性土。

（5）大宁河消落带在不同高程梯度下的分层土壤总氮变化范围为 $0.41\sim2.61mg/kg$，总磷的变化范围为 $190.46\sim1168.70mg/kg$。表层土壤总氮、总磷含量高于深层土壤总氮、总磷含量，这可能是由于在退水期，高程较高的区域存在耕地施肥的情况，会影响表层土壤的总氮、总磷含量。从磷分级结果可以看出土壤的主要部分是 rest-P 和 NaOH-P，随深度增加 rest-P 呈现降低趋势。沉积物剖面主要磷形态为 NaOH-P、Ca-P 和 rest-P，且都随深度的增加含量增加。

（6）大宁河消落带土壤容重和土壤孔隙度呈显著负相关关系（$r=-1.00$，$P<0.01$）；土壤 pH 与土壤 NH_4Cl-P（$r=0.60$，$P<0.01$）、BD-P（$r=0.40$，$P<0.05$）、Ca-P（$r=0.66$，$P<0.01$）呈显著正相关关系。消落带土壤 NH_4Cl-P 分别与 BD-P（$r=0.45$，$P<0.01$）、Ca-P（$r=0.56$，$P<0.01$）、TP（$r=0.44$，$P<0.01$）呈显著正相关关系。土壤 BD-P 与 Ca-P（$r=0.44$，$P<0.01$）、TP（$r=0.38$，$P<0.05$）呈显著正相关关系。土壤 NaOH-P 与 rest-P（$r=0.33$，$P<0.05$）呈显著正相关关系，Ca-P 与 TP（$r=0.52$，$P<0.01$）呈显著正相关关系。

（7）随着消落带落干时长越长，黄棕壤的 pH（$P<0.001$）、电导率（$P<0.001$）、总碳含量（$P<0.01$）、硝态氮含量（$P<0.05$）、微生物氮（$P<0.001$）呈显著下降趋势；而亚硝态氮呈显著增加趋势（$P<0.05$）。随着消落带落干时长越长，紫色土的 pH（$P<$

0.01)、电导率（$P<0.01$）呈显著下降趋势，而亚硝态氮呈显著增加趋势（$P<0.05$）。

参 考 文 献

Abera G，Wolde - Meskel E，Bakken L R. 2012. Carbon and nitrogen mineralization dynamics in different soils of the tropics amended with legume residues and contrasting soil moisture contents [J]. Biology and Fertility of Soils，48（1）：51 - 66.

Allen P，Bennett K，Heritage B. 2014. SPSS statistics version 22：A practical guide [EB]. Cengage Learning Australia.

Bai J，Deng W，Wang Q，et al. 2007. Spatial distribution of inorganic nitrogen contents of marsh soils in a river floodplain with different flood frequencies from soil - defrozen period [J]. Environmental monitoring and assessment，134（1 - 3）：421 - 428.

Bai J，Ouyang H，Deng W，et al. 2005. Spatial distribution characteristics of organic matter and total nitrogen of marsh soils in river marginal wetlands [J]. Geoderma，124（1 - 2）：181 - 192.

Baldwin D S，Mitchell A M. 2000. The effects of drying and re - flooding on the sediment and soil nutrient dynamics of lowland river - floodplain systems：a synthesis [J]. Regulated Rivers：Research & Management：An International Journal Devoted to River Research and Management，16（5）：457 - 467.

Bao Y，Gao P，He X. 2015. The water - level fluctuation zone of Three Gorges Reservoir—a unique geomorphological unit [J]. Earth - Science Reviews，150：14 - 24.

Berhongaray G，Alvarez R，De Paepe J，et al. 2013. Land use effects on soil carbon in the Argentine Pampas [J]. Geoderma，192：97 - 110.

Brovelli A，Batlle - Aguilar J，Barry DA. 2012. Analysis of carbon and nitrogen dynamics in riparian soils：Model development [J]. Science of the Total Environment，429：231 - 245.

Cook H F. 2007. Floodplain nutrient and sediment dynamics on the Kent Stour [J]. Water and Environment Journal，21（3）：173 - 181.

Cotovicz L，Machado E D，Brandini N，et al. 2014. Distributions of total，inorganic and organic phosphorus in surface and recent sediments of the subtropical and semi - pristine Guaratuba Bay estuary，SE Brazil [J]. Environmental earth sciences，72：373 - 386.

Cunha DGF，do Carmo Calijuri M，Dodds W K. 2014. Trends in nutrient and sediment retention in Great Plains reservoirs (USA) [J]. Environmental monitoring and assessment，186（2）：1143 - 1155.

Friedl G，Wüest A. 2002. Disrupting biogeochemical cycles - Consequences of damming [J]. Aquatic Sciences，64（1）：55 - 65.

Gao Q，Li Y，Cheng Q，et al. 2016. Analysis and assessment of the nutrients，biochemical indexes and heavy metals in the Three Gorges Reservoir，China，from 2008 to 2013 [J]. Water research，92：262 - 274.

Goodridge B M，Melack J M. 2014. Temporal evolution and variability of dissolved inorganic nitrogen in beach pore water revealed using radon residence times [J]. Environment Science Technology，48：14211 - 14218.

Guntiñas M E，Leirós M C，Trasar - Cepeda C，et al. 2012. Effects of moisture and temperature on net soil nitrogen mineralization：A laboratory study [J]. European Journal of Soil Biology，48：73 - 80.

Hantush M M，Kalin L，Isik S，Yucekaya A. 2012. Nutrient dynamics in flooded wetlands. I：model development [J]. Journal of Hydrologic Engineering，18（12）：1709 - 1723.

Hefting M M，Clement J C，Bienkowski P，et al. 2005. The role of vegetation and litter in the nitrogen dynamics of riparian buffer zones in Europe [J]. Ecological Engineering, 24 (5): 465 – 482.

Kerr J G, Burford M, Olley J, et al. 2010. The effects of drying on phosphorus sorption and speciation in subtropical river sediments [J]. Marine and Freshwater Research, 61 (8): 928 – 935.

Meynendonckx J, Heuvelmans G, Muys B, et al. 2006. Effects of watershed and riparian zone characteristics on nutrient concentrations in the River Scheldt Basin [J]. Hydrology and Earth System Sciences Discussions, 3 (3): 653 – 679.

Mooshammer M, Wanek W, Hämmerle I, et al. 2014. Adjustment of microbial nitrogen use efficiency to carbon: nitrogen imbalances regulates soil nitrogen cycling [J]. Nature communications, 5: 3694.

Mueller K E, Hobbie S E, Oleksyn J, et al. 2012. Do evergreen and deciduous trees have different effects on net N mineralization in soil? [J]. Ecology, 93 (6): 1463 – 1472.

Schulten H R, Schnitzer M, 1997. The chemistry of soil organic nitrogen: a review [J]. Biology and Fertility of Soils, 26: 1 – 15.

Sun H, Wu Y, Bing H, et al. 2018. Available forms of nutrients and heavy metals control the distribution of microbial phospholipid fatty acids in sediments of the Three Gorges Reservoir, China [J]. Environmental Science and Pollution Research, 25 (6): 5740 – 5751.

Sun S, Liu J, Chang S X. 2013. Temperature sensitivity of soil carbon and nitrogen mineralization: impacts of nitrogen species and land use type [J]. Plant and Soil, 372 (1 – 2): 597 – 608.

Wu Y, Bao H, Yu H, et al. 2015. Temporal variability of particulate organic carbon in the lower Changjiang (Yangtze River) in the post - Three Gorges Dam period: Links to anthropogenic and climate impacts [J]. Journal of Geophysical Research: Biogeosciences, 120 (11): 2194 – 2211.

Wu Y, Wang X, Zhou J, et al. 2016. The fate of phosphorus in sediments after the full operation of the Three Gorges Reservoir, China [J]. Environmental pollution, 214: 282 – 289.

Ye C, Cheng X, Liu W, et al. 2015. Revegetation impacts soil nitrogen dynamics in the water level fluctuation zone of the Three Gorges Reservoir, China [J]. Science of the Total Environment, 517: 76 – 85.

Ye C, Cheng X, Zhang K, et al. 2017. Hydrologic pulsing affects denitrification rates and denitrifier communities in a revegetated riparian ecotone [J]. Soil Biology and Biochemistry, 115: 137 – 147.

Zhang B, Fang F, Guo J, et al. 2012. Phosphorus fractions and phosphate sorption – release characteristics relevant to the soil composition of water – level – fluctuating zone of Three Gorges Reservoir [J]. Ecological Engineering, 40: 153 – 159.

胡江, 杨胜发, 王兴奎. 2013. 三峡水库 2003 年蓄水以来库区干流泥沙淤积初步分析 [J]. 泥沙研究, 1: 39 – 44.

第3章 三峡消落带植物分布规律、优势种形态特征及其驱动因素

3.1 三峡消落带常见植物物种

消落带由于周期性的水位涨落使库区周边土地往复出露于地表，形成一个特殊的水陆交错带，也是一种新的湿地生态系统。三峡库区消落带由于其特殊的地理位置及其水位大幅度（约30m）涨落波动，导致其土壤生境承受着干湿交替的剧烈变化影响，水文及土壤环境的变化会引起原有植被类型的分布、多样性和群落结构发生一系列变化（郭燕，2018）。

三峡水库"冬蓄夏泄"的反季节淹没等极限条件，导致在该消落带区域内的光照、压力、氧含量等环境参数发生剧变。这些条件的改变对原有植物的光合作用、呼吸作用、生长、发育、繁殖以及物候等将产生较大的甚至制约性的作用，绝大多数物种因适生性选择而消亡（秦洪文，2013a）。消落带植物群落是长期生活在陆地的植物与周期性淹水生境下协同进化产生的，其植物物种组成和结构变化是植物群落演变的具体表现特征，在一定程度上可以反映出植物对某一特定生境的适应程度。清晰地认识消落带系统植物组成，掌握多种消落带植物的耐淹程度，对于修复和保护消落带生态系统，防治水土流失具有重要意义。

截至目前，已有很多关于三峡库区消落带植被组成、群落结构及其动态的研究，但尚缺乏系统的三峡库区消落带常见植物物种梳理，因此，本研究通过整理文献，列出了我国三峡消落带常见的植物物种名录，包括拉丁名、生活型以及部分植物的耐淹程度（表3-1）。

表3-1 消落带常见植物物种名录汇总

物 种	拉 丁 名	生 活 型	耐淹程度/天
狗牙根	*Cynodon dactylon*	多年生草本	216
香根草	*Vetiveria zizanioides*	多年生草本	169
菖蒲	*Acorus calamus*	多年生草本	30
喜旱莲子草	*Alternanthera philoxeroides*	多年生草本	30
牛鞭草	*Hemarthria altissima*	多年生草本	30
地果	*Flcus tikoua*	一年生草本	180

物　种	拉　丁　名	生　活　型	耐淹程度/天
荻	*Triarrhena sacchariflora*	多年生草本	30
野古草	*Arundinella anomala*	多年生草本	20－40
秋华柳	*Salix variegata*	多年生灌木	180
硬杆子草	*Capillipedium assimile*	多年生草本	216
双穗雀稗	*Paspalum paspaloides*	多年生草本	216
虉草	*Phalaris arundinacea*	多年生草本	30
竹柳	*Salix maizhokunggarensis*	乔木	耐淹
池杉	*Taxodium distichum*	落叶乔木	极耐淹
水桦	*Betula nigra*	落叶乔木	耐淹
水麻	*Debregeasia orientalis*	常绿小乔木、灌木	30
火棘	*Pyracantha fortuneana*	常绿小乔木、灌木	20
桑树	*Morus alba*	落叶灌木	90
小梾木	*Cornus paucinervis*	落叶灌木	20
中华蚊母树	*Distylium chinense*	常绿灌木	150
芦竹	*Arundo donax*	多年生草本	180
甜根子草	*Saccharum spontaneum*	多年生草本	100
羊茅	*Festuca ovina*	多年生草本	180
苔草	*Carex tristachya*	多年生草本	耐淹
问荆	*Equisetum arvense*	多年生草本	耐淹
蜜甘草	*Phyllanthus ussuriensis*	一年生草本	—
狗尾草	*Setaria viridis*	一年生草本	—
水田稗	*Echinochloa oryzoides*	一年生草本	—
香附子	*Cyperus rotundus*	多年生草本	180
芦苇	*Phragmits australis*	一年生草本	180
水蓼	*Polygonum hydropiper*	一年生草本	—
酸模叶蓼	*Polygonum lapathifolium*	一年生草本	—
毛马唐	*Digitaria chrysoblephara*	一年生草本	—
红蓼	*Polygonum orientale*	一年生草本	—
狼耙草	*Bidens tripartita*	一年生草本	—
翅茎冷水花	*Pilea subcoriacea*	多年生草本	—
铁苋菜	*Acalypha australis*	一年生草本	—
苍耳	*Xanthium sibiricum*	一年生草本	—
旱莲草	*Eclipta prostrata*	一年生草本	—
葡茎通泉草	*Mazus miquelii*	多年生草本	—
附地菜	*Trigonotis peduncularis*	一年生草本	—

续表

物　种	拉　丁　名	生　活　型	耐淹程度/天
藿香蓟	*Ageratum conyzoides*	一年生草本	—
稗	*Echinochloa crusgalli*	一年生草本	—
西瓜	*Citrullus lanatus*	一年生草本	—
枸杞	*Lycium chinense*	一年生草本	60
雍菜	*Ipomoea aquatica*	蔓生草本	—
冬瓜	*Benincasa hispida*	一年生草本	—
叶下珠	*Phyllanthus urinaria*	一年生草本	—
一年蓬	*Erigeron annuus*	一、二年生草本	—
斑地锦	*Euphorbia maculata*	一年生草本	—
紫萼蝴蝶草	*Impatiens platychlaena*	一年生草本	—
野艾蒿	*Artemisia lavandulaefolia*	多年生草本	—
鬼针草	*Bidens bipinnata*	一年生草本	—
巴东醉鱼草	*Buddleja albiflora*	多年生草本	—
具芒碎米莎草	*Cyperus microiria*	一年生草本	—
马齿苋	*Portulaca oleracea*	一年生草本	—
荩草	*Arthraxon hispidus*	一年生草本	—
土荆芥	*Chenopodium ambrosioides*	一年或多年生草本	—
合萌	*Aeschynomene indica*	一年生草本	—
千里光	*Senecio scandens*	多年生草本	—
茵陈蒿	*Artemisia capillaris*	多年生草本	—
两型豆	*Amphicarpaea edgeworthii*	一年生草本	—
葎草	*Humulus scandens*	一年生缠绕草本	—

注　参考文献：黄世友等，2013；秦洪文等，2013a，b；樊大勇等，2015；郭燕等，2018。

3.2　研究植物形态的重要意义

　　植物在其生长发育各个阶段的生长行为及生活史策略皆与植物的形态可塑性有很大关系，可在一定程度上决定植物物种在生境中的分布格局及种群行为。植物生活史策略是植物物种维持生长和繁殖的资源最佳分配方式，物种的适应性是物种在进化过程中累积起来的，在形态上有很明显的表现，植物采取不同的形态生长策略就是为了使物种在某些阶段达到最大的适合度。

　　自 Macarthur 提出著名的 K 策略和 r 策略以来（Macarthur，1984），植物生活史策略（Life History Strategy 或 Tactics）受到植物生态学家的普遍关注。植物资源分配策略作为植物生活史策略的核心问题，植物资源分配的模式在很大程度上反映了植物生活史特征，而生活史策略就是这种不同功能间权衡资源分配的综合结果。因此，生活史策略研究已成为种群生态学、繁殖生态学、进化生物学和保护生物学领域研究的热点之一（Grime，2006）。所谓生活史策略，是指种群生活史各阶段特征（种子散布与萌发、补充和生长、有性与无性繁殖）对特定生境的综合适应式样，也称为生态策略（Bionomic Strategy，Ecological Strategy）（Grime，1979）。生活史策略就是生物在长期的自然选择下形成的，以各种生活史特征表现出来的适应策略（Adaptive Strategy），既有自然选择塑造了生物体外形和习性，与表性特征之间的功能联系影响着物种的生态行为，通过表性特征分析，尤其是功能形态学（Functional Morphology）的分析，可为生活史策略的研究提供较多的证据，这些手段也就成为生活史策略研究的主要方法。

在许多生态系统中，对植物表观形态的认识在生物地理的研究方面发挥了很重要的作用，并且在森林生态系统（Ambrose et al.，2015）和农业生态系统中（Berding and Hurney，2005；Fielder et al.，2015），对植物的表观形态已开展了广泛的研究。然而在消落带生态系统中，植物的表观形态很少受到关注。气候变化以及地理位置差异造成的非生物因子的差异会导致植被表现出不同的形态特征（Ambrose et al.，2015；Abdala-Roberts et al.，2016）。

为了保护消落带植被群落，明确水淹——干旱交错胁迫下消落带狗牙根的形态特征是否存在差异，以及探索狗牙根的形态特征与哪些非生物因子的驱动有关是非常必要的。因此，本研究提出以下科学假设：①狗牙根随着消落带高程梯度的不同，所表现出来的植物表观形态特征具有差异性；②非生物因子随着消落带的高程梯度变化也存在空间差异性；③消落带狗牙根的表观形态差异性由非生物因子所驱动，并且推测与水分和淹水时间长度存在很大的相关性。

3.3 研 究 方 法

3.3.1 研究区及研究对象

研究区位于三峡库区巫山县大宁河流域消落带。大宁河是三峡水库库区左岸一级支流，发源于巫溪县高楼乡龙洞湾，在巫峡西口注入长江，长约 202km，流域面积达 4415km²，平均年降水量 1000mm 以上，年均温 19.8℃。三峡水库蓄水之前，大宁河整条河流河道较窄，流速较快，落差较大。当地的土壤类型主要有黄棕壤和紫色土，消落带类型主要有岩质岸坡消落带和土质缓坡消落带。本研究主要针对土质岸坡消落带展开。

大宁河消落带的土质岸坡主要以狗牙根（*Cynodon dactylon*）为优势植物物种。狗牙根又名爬根草、铺地草，属禾本科多年生草本植物，世界广布种，广泛分布于 53°N～45°S 世界各大洲的热带、亚热带和温带沿海区域。在我国，狗牙根主要分布在黄河流域以南地区。狗牙根的繁殖能力很强，既可种子繁殖，也可营养繁殖，而且对水淹和干旱具有较强的适应性。以往研究表明，狗牙根在淹水 25m 深度以下、持续反季节淹没 189 天后仍能存活，而且其光合能力在不同淹水深度（0m、5m、15m 和 25m）下无显著差异。狗牙根的根系发达，叶片细小，蒸腾速率低，是草坪建设中最抗旱的草种之一（洪明等，2011）。

三峡水库消落带在不同高程梯度下的植物，在水位大幅度周期性的涨落变化下会造成水陆交错带的土壤环境变化，进而对狗牙根地下根茎的茎节生长、芽萌发和分株生长等产生影响，由于狗牙根具有耐淹和耐旱的双重特性，且对水陆生境变化具有一定的适应能力，掌握不同高程的狗牙根形态特征能够在一定程度上反映其对消落带干湿交替变化的适应机制。因此本研究对三峡库区大宁河支流消落带的狗牙根形态特征进行调查研究，并进一步分析其与周边环境的相关关系，为深入了解狗牙根的适应机制做铺垫。

3.3.2　样品的采集及分析

为了了解大宁河消落带的植物分布规律，并全面分析比较植物表观形态特征在不同消落带高程梯度下的差异性，在大宁河回水末端至长江干流交汇处选择了 3 个研究区，在每个研究区中根据消落带土质不同，分别选取黄棕壤消落带和紫色土消落带，即研究区 1 选取黄棕壤消落带 A 点和紫色土消落带 B 点；研究区 2 选取黄棕壤消落带 C 点和紫色土消落带 D 点；研究区 3 选取黄棕壤消落带 E 点和紫色土消落带 F 点；共计 6 个消落带研究区。在每个消落带研究区 145～180m 的高程梯度上每间隔 5m 高程布设调查样带，不同消落带研究区由于海拔高程不同，历史土地利用类型不同，样带数略有差异。于 7—9 月进行采样调查，该时间既为植物生长季末期，同时也为库区水位上调前，消落带即将被淹没。

在每条调查样带上的植物群落中分别布设 3 个重复采样点位，即在 145m、150m、155m、160m、165m、170m、175m、180m 的植物群落中分别布设 3 个采样点位。在每个采样点位用 1m×1m 的样方框随机调查植物样方。在每个样方中，记录植物物种，连根挖出，并洗净晾干。由于狗牙根为优势植物物种，因此可以比较不同高程梯度下的狗牙根植物形态特征差异，在以狗牙根为主要植物物种的样方中随机选择 6 株狗牙根植株，分别调查其分株数、一级匍匐茎长、直立茎长、平均节间长和根长。这里的匍匐茎指的是所有匍匐在地、节间明显的茎，包括一级、二级和三级匍匐茎；分株，指的是所有从匍匐茎节间生出来的向上生长的分株，即同一基株内，形体和生理独立的，或具备潜在形体和生理独立性的最小个体单元，具有非克隆植物个体的全部功能；直立茎，指的是从最初的根基部发出来的向上生长的茎；平均节间长等于节间总长除以节间数的平均值。植物形态特征指标测量完后放回原处，自然风干后对植物生物量进行称重。

为了揭示非生物因子对植物形态特征的影响作用，采集了相应的非生物因子指标。在每个采样点分别挖 40cm 深的剖面，用环刀在 0～10cm、10～20cm、20～30cm 以及 30～40cm 依次采集 3 个重复的沉积物土芯（深 5cm，直径 5cm），同时利用土壤原位测定仪测量不同土层的电导率和温度。并将土壤带回实验室进行分析，检测土壤的土壤含水率、容重、孔隙度、pH、TP、有机质、有机碳、TN、磷分级等指标，详细检测方法见第 2 章。通过三峡水位随时间变化的数据，从而推算不同高程梯度的消落带的淹水时间长度。

3.3.3　数据统计分析

本研究应用单因子方差分析（ANOVA）比较了植物的表观形态特征（植物生物量、分株数、一级匍匐茎长、直立茎长、平均节间长和根长）和非生物因子（土壤有机质、总氮和总碳含量，孔隙水盐度、含水率、容重、TN、TP、TC 以及水位、淹水时长）在不同消落带以及高程梯度上的差异性。数据在必要的时候进行 $\log10(x+1)$ 或者平方根转换。其次，应用 Spearman 秩相关关系分析比较了植物表观形态特征与非生物因子的关系。以上数据统计分析均应用软件 SPSS 20.0 实现（Allen et al.，2014）。

3.4 研　究　结　果

3.4.1 大宁河消落带植物分布概况

根据 7—9 月的调查结果，大宁河消落带在 145～165m 高程下的主要优势植物物种为狗牙根，偶见香附子和苍耳；在 170m 及其以上则植物多样性较高，除了上述几种还有野胡萝卜、豚草、小蓬草、马唐、大狼耙草、牡荆、黄香草木樨、茵草、狗尾草等（图 3-1）。多为一年生和多年生草本植物，在消落带较高的高程梯度上，会有灌木、乔木以及农田等分布。

3.4.2 不同消落带的植物生物量情况

1. 6 个消落带在不同高程梯度下的植物生物量分布

通过野外调查研究了三峡库区大宁河支流的 6 个消落带，采集了不同高程梯度下的植物生物量，结果如图 3-2 所示。

塞家坝黄棕壤消落带 A 点的植物生物量从高程 145m 至 165m 有明显的上升趋势，在高程 170～175m 处达到最低值，为 288.61～297.11g/cm²；而在高程 160～165m 处达到最高值，为 1026.43～1050.04g/cm²。在高程 165m 处的植物生物量是高程 170m 处的植物生物量的 3.64 倍，具有显著差异性。

塞家坝紫色土消落带 B 点的植物生物量从高程 150m 至 160m 明显增加，从高程 160m 至 170m 显著降低。植物生物量在高程 160m 处达到最大值，约 1427.05g/cm²；在高程 170m 处达到最低值，为 483.39g/cm²；高程 160m 处的生物量是 170m 处生物量的 2.95 倍。

光明村黄棕壤消落带 C 点的植物生物量从高程 145m 至 160m 有上升趋势，从 160m 至 175m 有下降趋势，且在 170m 处达到最低值，约为 367.73g/cm²，在高程 160m 处达到最高值，约为 1330.36g/cm²，是高程 170m 处植物生物量的 3.62 倍。

河口村紫色土消落带 D 点的植物生物量从高程 145m 至 155m 处有上升趋势，从 155m 至 175m 有明显的下降趋势。不同高程梯度下的植物生物量存在显著差异性（$F = 7.863$，$P < 0.001$）。植物生物量在高程 175m 处达到最小值，约 224.55g/m²，在高程 150m 处达到最大值，约 1276.00g/m²，是高程 175m 处植物生物量的 5.68 倍。

七里村黄棕壤消落带 E 点的植物生物量从高程 145m 至 175m 处呈现先增加后减少的明显趋势，具有显著差异性（$F = 15.651$，$P < 0.001$）。植物生物量在高程 160m 处达到最大值，为 1829.41g/m²，在高程 175m 处达到最小值，约 371.40g/m²，在高程 160m 处的植物生物量是 175m 植物生物量的 4.93 倍。

图 3-1　大宁河消落带常见植物物种

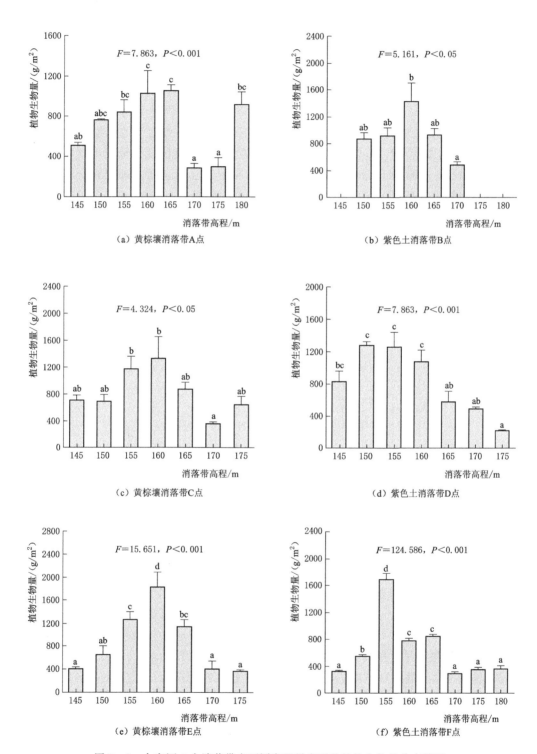

图 3-2 大宁河 6 个消落带在不同高程梯度下的植物生物量分布情况

新春村紫色土消落带 F 点的植物生物量在不同高程梯度上具有显著差异性（$F=$ 124.586，$P<0.001$）。在高程 155m 处植物生物量达到峰值，约 1688.31g/m² ，是最低生物量高程 170m 处 293.49g/m² 的 5.75 倍。

2. 黄棕壤和紫色土消落带在不同高程梯度下的植物生物量分布

通过将黄棕壤消落带 A 点、C 点、E 点不同高程梯度下的植物生物量求平均值，并且与紫色土消落带 B 点、D 点、F 点不同高程梯度下的植物生物量平均值进行方差比较分析，结果如图 3-3 所示，黄棕壤和紫色土消落带在不同高程梯度下的植物生物量存在显著差异性（$F=6.159$，$P<0.001$），两个消落带随着高程梯度的变化呈现出植物生物量变化规律的一致性。从高程 145m 处到 160m 处，植物生物量呈现随着高程的增加而上升的趋势，植物生物量从高程 165m 处至 180m 处呈现降低趋势。

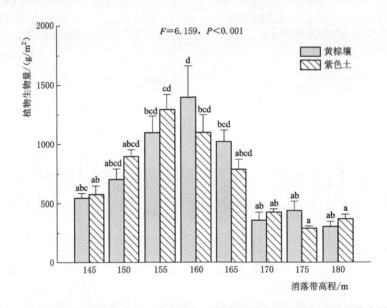

图 3-3　大宁河黄棕壤和紫色土消落带在不同高程梯度下的植物生物量分布情况

3. 大宁河消落带在不同高程梯度下的植物生物量分布

通过将大宁河蹇家坝 A 点、蹇家坝 B 点、光明村 C 点、河口村 D 点、七里村 E 点和新春村 F 点的消落带进行整合，分析比较大宁河消落带在不同高程梯度下的植物生物量规律，结果如图 3-4 所示，大宁河消落带在不同高程梯度下的植物生物量存在显著差异性（$F=10.632$，$P<0.001$），植物生物量从高程 145m 处到 180m 处呈现随着高程的增加先上升后下降的趋势，并且在高程 160m 处达到最大值，为 (1245.68 ± 208.16)g/m² 。植物生物量在高程 180m 处达到最低值，为 (336.03 ± 40.79)g/m² 。

4. 大宁河消落带植物生物量与环境因子的关系

大宁河消落带植物生物量分布与环境因子的关系如图 3-5 所示，大宁河消落带狗牙根植物生物量与土壤 TN 含量呈显著正相关关系（$F=5.07$，$P<0.05$），植物生物量与消落带高程呈显著负相关关系（$F=4.30$，$P<0.05$），而与淹水时长呈显著正相关关系（$F=4.91$，$P<0.05$）。

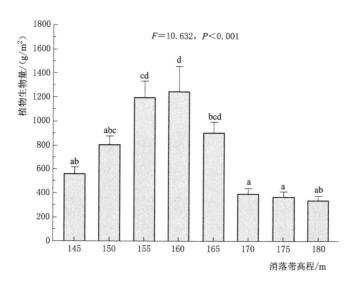

图3-4 大宁河消落带在不同高程梯度下的植物生物量分布情况

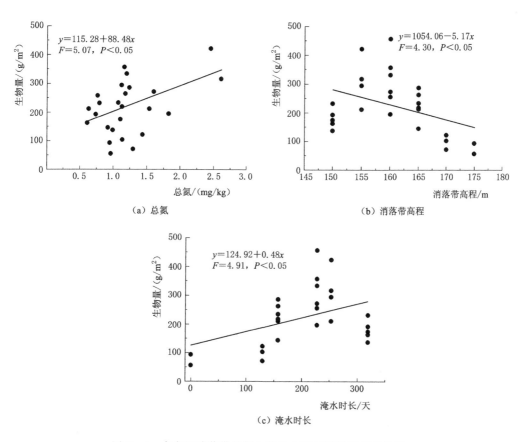

（a）总氮

（b）消落带高程

（c）淹水时长

图3-5 大宁河消落带植物生物量分布与环境因子的关系

3.4.3　狗牙根植物形态特征

1. 6 个消落带在不同高程梯度下的狗牙根植物形态特征

通过野外调查发现三峡库区大宁河支流的 6 个消落带，其优势植物物种为狗牙根（*Cynodon dactylon*），为了探究 6 个消落带在不同高程梯度下的狗牙根植物形态特征是否存在差异性，采集并测量了不同高程梯度下的狗牙根的形态特征，包括直立茎长、分株数、平均节间长、植物高度、一级匍匐茎长、根长。

（1）直立茎长。三峡库区大宁河 6 个消落带在不同高程梯度下的狗牙根植物直立茎长分布情况如图 3-6 所示。

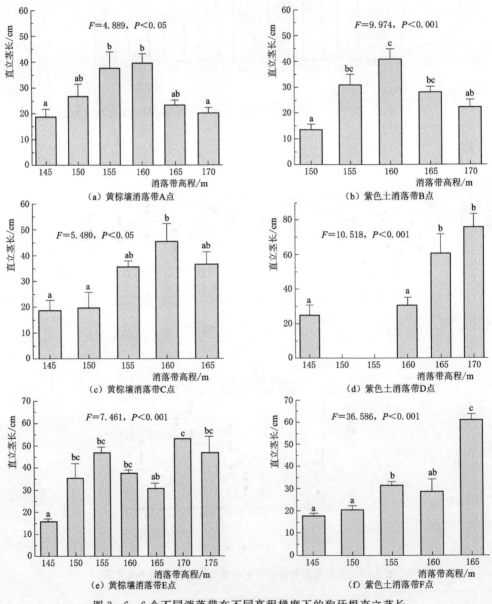

图 3-6　6 个不同消落带在不同高程梯度下的狗牙根直立茎长

塞家坝黄棕壤消落带 A 点的狗牙根直立茎长在不同高程梯度下存在显著差异性（$F=$ 4.889，$P<0.05$），从高程 145m 至 170m 呈现先增大后减小的趋势。狗牙根直立茎长在高程 160m 处达到最高值，为（39.50±3.71）cm；而在高程 145m 处达到最低值，为（18.78±3.11）cm，直立茎长最大值是最小值的 2.1 倍。

塞家坝紫色土消落带 B 点的狗牙根直立茎长在不同高程梯度下存在显著差异性（$F=$ 9.974，$P<0.001$），从高程 150m 至 170m 呈现先增大后减小的趋势。狗牙根直立茎长在高程 160m 处达到最高值，为（40.67±4.10）cm；而在高程 150m 处达到最低值，为（13.53±2.09）cm，直立茎长最大值是最小值的 3 倍。

光明村黄棕壤消落带 C 点的狗牙根直立茎长在不同高程梯度下存在显著差异性（$F=$ 5.480，$P<0.05$），从高程 145m 至 165m 呈现先上升后减小的趋势。狗牙根直立茎长在高程 160m 处达到最高值，为（45.17±6.82）cm；而在高程 145m 处达到最低值，为（18.62±3.93）cm，直立茎长最大值是最小值的 2.43 倍。

河口村紫色土消落带 D 点的狗牙根直立茎长在不同高程梯度下存在显著差异性（$F=$ 10.518，$P<0.001$），从高程 145m 至 170m 呈现逐渐上升的趋势。狗牙根直立茎长在高程 170m 处达到最高值，为（75.60±7.65）cm；而在高程 145m 处达到最低值，为（25.00±5.76）cm，直立茎长最大值是最小值的 3.00 倍。

七里村黄棕壤消落带 E 点的狗牙根直立茎长在不同高程梯度下存在显著差异性（$F=$ 7.461，$P<0.001$），从高程 145m 至 175m 总体呈现上升趋势，但在 160～165m 处有稍微的下降趋势。狗牙根直立茎长在高程 175m 处达到最高值，为（46.75±7.28）cm；而在高程 145m 处达到最低值，为（15.75±1.32）cm，直立茎长最大值是最小值的 2.97 倍。

新春村紫色土消落带 F 点的狗牙根直立茎长在不同高程梯度下存在显著差异性（$F=$ 36.586，$P<0.001$），从高程 145m 至 165m 总体上呈现上升趋势。狗牙根直立茎长在高程 165m 处达到最高值，为（61.17±2.30）cm；而在高程 145m 处达到最低值，为（17.80±1.13）cm，直立茎长最大值是最小值的 3.44 倍。

黄棕壤和紫色土消落带在不同高程梯度下的狗牙根直立茎长不存在显著差异性（图 3-7）。

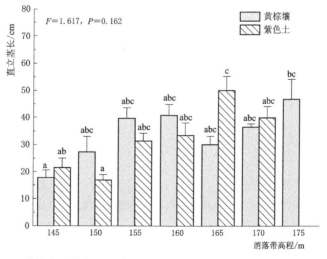

图 3-7 黄棕壤和紫色土消落带在不同高程梯度下的狗牙根植物直立茎长

（2）分株数。三峡库区大宁河 6 个消落带在不同高程梯度下的狗牙根植物分株数分布情况如图 3-8 所示。

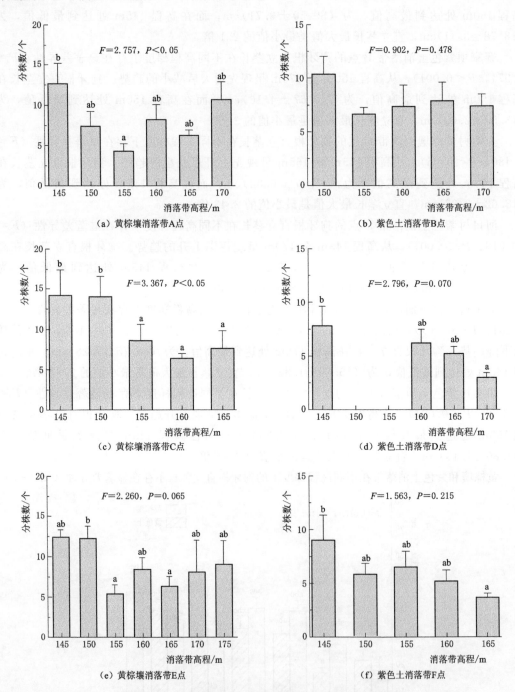

图 3-8　6 个消落带在不同高程梯度下的狗牙根分株数

塞家坝黄棕壤消落带 A 点狗牙根的分株数在不同高程梯度下存在显著差异性（$F=$ 2.757，$P<0.05$），从高程 145m 至 170m 呈现波动变化。狗牙根的分株数在高程 145m 处

达到最大分株数，为（13±3）个分株；而在高程 155m 处达到最低值，为（4±1）个分株，分株数最大值是最小值的 3.25 倍。

蹇家坝紫色土消落带 B 点狗牙根的分株数在不同高程梯度下不存在显著差异性（$F=0.902$，$P=0.478$），从高程 150m 至 170m 呈现减小的趋势。狗牙根的分株数在高程 150m 处达到最高值，为（10±2）个分株；而在高程 155m 处达到最低值，为（7±1）个分株。

光明村黄棕壤消落带 C 点狗牙根的分株数在不同高程梯度下存在显著差异性（$F=3.367$，$P<0.05$），从高程 145m 至 165m 呈现减少的趋势。狗牙根的分株数在高程 145m 处达到最大值，为（14±3）个分株；而在高程 160m 处达到最小值，为（6±1）个分株。

河口村紫色土消落带 D 点狗牙根的分株数在不同高程梯度下不存在显著差异性（$F=2.796$，$P=0.070$），从高程 145m 至 170m 呈现逐渐减少的趋势。狗牙根分株数在高程 145m 处达到最高值，为（8±2）个分株；而在高程 170m 处达到最低值，为 3 个分株。

七里村黄棕壤消落带 E 点的狗牙根分株数在不同高程梯度下不存在显著差异性（$F=2.260$，$P=0.065$），从高程 145m 至 175m 呈现先减少后增加的趋势，在 155～165m 处分株数较少。狗牙根分株数在高程 145m 处达到最高值，为（12±1）个分株；而在高程 155m 处达到最低值，为（5±1）个分株。

新春村紫色土消落带 F 点的狗牙根分株数在不同高程梯度下不存在显著差异性（$F=1.563$，$P=0.215$），从高程 145m 至 165m 呈现减少趋势。狗牙根分株数在高程 145m 处达到最高值，为（9±2）个分株；而在高程 165m 处达到最低值，为 4 个分株。

黄棕壤和紫色土消落带在不同高程梯度下的狗牙根植物分株数不存在显著差异性（图 3-9）。

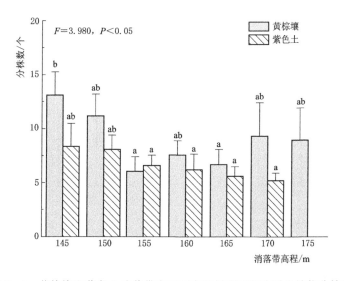

图 3-9 黄棕壤和紫色土消落带在不同高程梯度下的狗牙根植物分株数

（3）平均节间长。三峡库区大宁河 6 个消落带在不同高程梯度下的狗牙根植物平均节间长如图 3 - 10 所示。

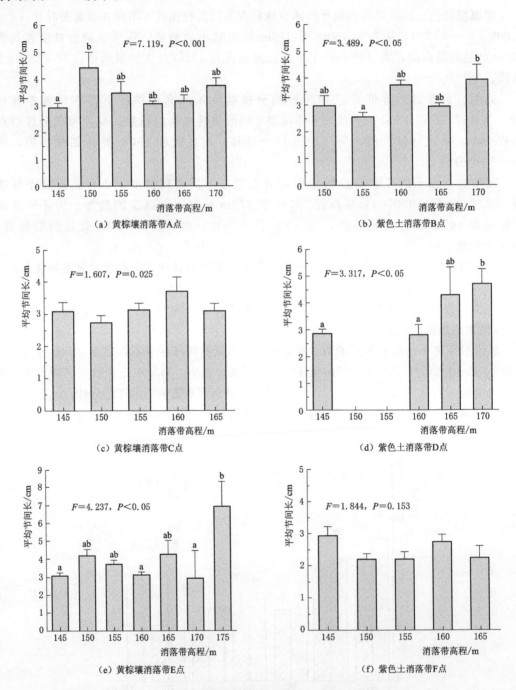

图 3 - 10　6 个消落带在不同高程梯度下的狗牙根平均节间长

塞家坝黄棕壤消落带 A 点的狗牙根平均节间长在不同高程梯度下存在显著差异性（$F = 7.119$，$P < 0.001$），从高程 145m 至 170m 呈现先增大后减小的趋势。狗牙根平均节

间长在高程 150m 处达到最高值，为（4.4±0.6）cm；而在高程 145m 处达到最低值，为（2.9±0.2）cm。

塞家坝紫色土消落带 B 点的狗牙根平均节间长在不同高程梯度下存在显著差异性（$F=3.489$，$P<0.05$），从高程 150m 至 170m 呈现逐渐增大的趋势。狗牙根平均节间长在高程 170m 处达到最高值，为（3.9±0.5）cm；而在高程 155m 处达到最低值，为（2.6±0.2）cm。

光明村黄棕壤消落带 C 点的狗牙根平均节间长在不同高程梯度下不存在显著差异性（$F=1.607$，$P=0.025$），从高程 145m 至 165m 呈现先上升后减小的趋势。狗牙根平均节间长在高程 160m 处达到最高值，为（3.7±0.4）cm；而在高程 150m 处达到最低值，为（2.7±0.2）cm。

河口村紫色土消落带 D 点的狗牙根平均节间长在不同高程梯度下存在显著差异性（$F=3.317$，$P<0.05$），从高程 145m 至 170m 呈现逐渐上升的趋势。狗牙根平均节间长在高程 170m 处达到最高值，为（4.7±0.5）cm；而在高程 145m 处达到最低值，为（3.0±0.3）cm。

七里村黄棕壤消落带 E 点的狗牙根平均节间长在不同高程梯度下存在显著差异性（$F=4.237$，$P<0.05$），从高程 145m 至 175m 总体上呈现波动变化趋势。狗牙根平均节间长在高程 175m 处达到最高值，为（7.0±1.3）cm；而在高程 170m 处达到最低值，为（2.9±1.5）cm。

新春村紫色土消落带 F 点的狗牙根平均节间长在不同高程梯度下不存在显著差异性（$F=1.844$，$P=0.153$）。狗牙根平均节间长在高程 145m 处达到最高值，为（2.9±0.3）cm；而在高程 150m 处达到最低值，为（2.2±0.2）cm。

黄棕壤和紫色土消落带在不同高程梯度下的狗牙根植物平均节间长不存在显著差异性（图 3-11）。

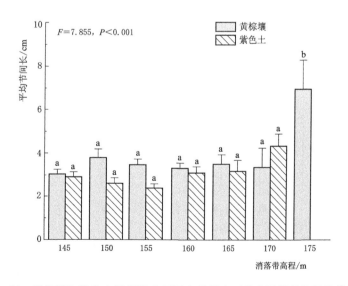

图 3-11 黄棕壤和紫色土消落带在不同高程梯度下的狗牙根植物平均节间长

　　（4）植物高度。三峡库区大宁河 6 个消落带在不同高程梯度下的狗牙根平均植物高度分布情况如图 3-12 所示。

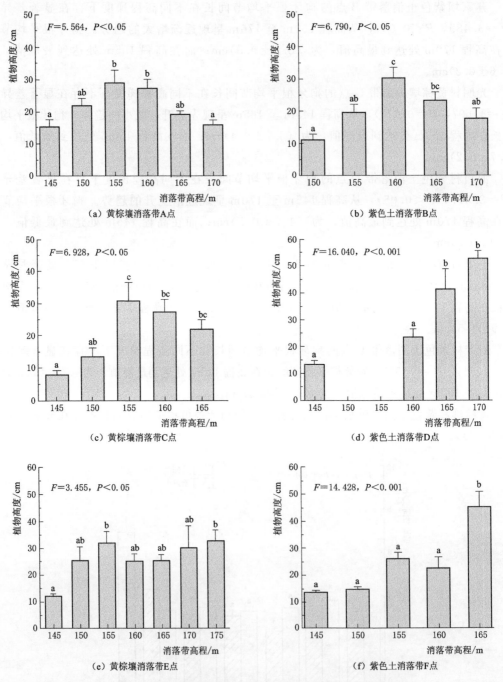

图 3-12　6 个消落带在不同高程梯度下的狗牙根平均植物高度

　　塞家坝黄棕壤消落带 A 点的狗牙根植物高度在不同高程梯度下存在显著差异性（$F=5.564$，$P<0.05$），从高程 145m 至 170m 呈现先增大后减小的趋势。狗牙根植物高

度在高程 155m 处达到最高值,为 (28.9±3.9)cm;而在高程 145m 处达到最低值,为 (15.1±2.3)cm。

塞家坝紫色土消落带 B 点的狗牙根植物高度在不同高程梯度下存在显著差异性 (F=6.790,P<0.05),从高程 150m 至 170m 呈现先增大后减小的趋势。狗牙根植物高度在高程 160m 处达到最高值,为 (30.3±3.3)cm;而在高程 150m 处达到最低值,为 (11.2±1.7)cm。

光明村黄棕壤消落带 C 点的狗牙根植物高度在不同高程梯度下存在显著差异性 (F=6.928,P<0.05),从高程 145m 至 165m 呈现先上升后减小的趋势。狗牙根植物高度在高程 155m 处达到最高值,为 (30.9±5.6)cm;而在高程 145m 处达到最低值,为 (7.8±1.3)cm。

河口村紫色土消落带 D 点的狗牙根植物高度在不同高程梯度下存在显著差异性 (F=16.040,P<0.001),从高程 145m 至 170m 呈现逐渐上升的趋势。狗牙根植物高度在高程 170m 处达到最高值,为 (52.5±3.1)cm;而在高程 145m 处达到最低值,为 (13.3±1.5)cm。

七里村黄棕壤消落带 E 点的狗牙根植物高度在不同高程梯度下存在显著差异性 (F=3.455,P<0.05),从高程 145m 至 175m 总体呈现上升趋势,但在 160~165m 处有稍微下降。狗牙根植物高度在高程 175m 处达到最高值,为 (32.5±4.0)cm;而在高程 145m 处达到最低值,为 (12.0±1.0)cm。

新春村紫色土消落带 F 点的狗牙根植物高度在不同高程梯度下存在显著差异性 (F=14.428,P<0.001),从高程 145m 至 165m 总体呈现上升趋势。狗牙根植物高度在高程 165m 处达到最高值,为 (45.3±5.7)cm;而在高程 145m 处达到最低值,为 (13.6±0.7)cm。

黄棕壤和紫色土消落带不同高程梯度下的狗牙根植物高度间不具有显著差异性 (图 3-13)。

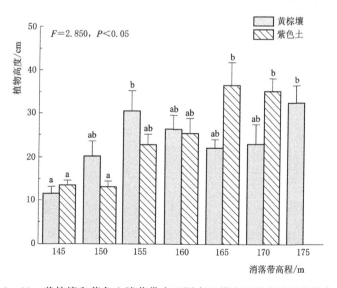

图 3-13 黄棕壤和紫色土消落带在不同高程梯度下的狗牙根植物高度

（5）一级匍匐茎长。三峡库区大宁河 6 个消落带在不同高程梯度下的狗牙根一级匍匐茎长如图 3-14 所示。

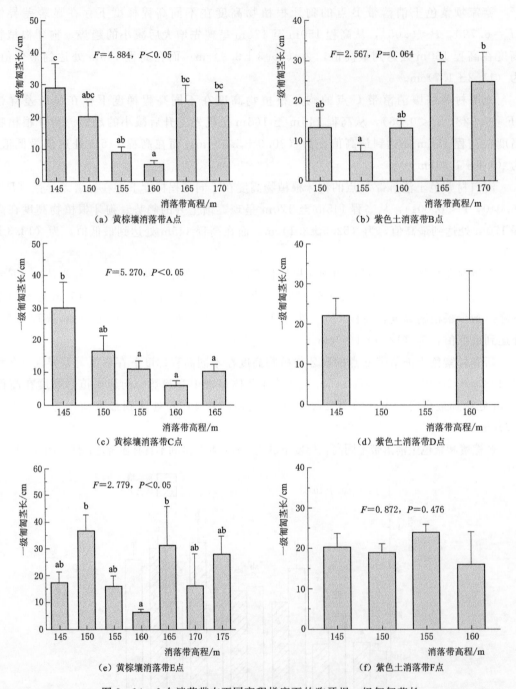

图 3-14　6 个消落带在不同高程梯度下的狗牙根一级匍匐茎长

塞家坝黄棕壤消落带 A 点的狗牙根一级匍匐茎长在不同高程梯度下存在显著差异性（$F=4.884$，$P<0.05$），从高程 145m 至 170m 呈现先减少后增大的趋势。狗牙根一级匍

匍茎长在高程 145m 处达到最高值，为（28.9±7.6）cm；而在高程 160m 处达到最低值，为（5.2±1.1）cm。

蹇家坝紫色土消落带 B 点的狗牙根一级匍匐茎长在不同高程梯度下不存在显著差异性（$F=2.567$，$P=0.064$），从高程 150m 至 170m 呈现先减小后增大的趋势。狗牙根一级匍匐茎长在高程 170m 处达到最高值，为（24.9±7.1）cm；而在高程 155m 处达到最低值，为（7.5±1.6）cm。

光明村黄棕壤消落带 C 点的狗牙根一级匍匐茎长在不同高程梯度下存在显著差异性（$F=5.270$，$P<0.05$），从高程 145m 至 165m 呈现减小的趋势。狗牙根一级匍匐茎长在高程 145m 处达到最高值，为（30.0±7.7）cm；而在高程 160m 处达到最低值，为（5.9±1.7）cm。

河口村紫色土消落带 D 点的狗牙根一级匍匐茎长在高程 145m 处为（22.1±4.3）cm，在高程 160m 处为（21.1±11.9）cm。

七里村黄棕壤消落带 E 点的狗牙根一级匍匐茎长在不同高程梯度下存在显著差异性（$F=2.779$，$P<0.05$），从高程 145m 至 175m 呈现波动变化，狗牙根一级匍匐茎长在高程 150m 处达到最高值，为（36.2±6.4）cm；而在高程 160m 处达到最低值，为（6.3±0.9）cm。

新春村紫色土消落带 F 点的狗牙根一级匍匐茎长在不同高程梯度下不存在显著差异性（$F=0.872$，$P=0.476$）。狗牙根一级匍匐茎长在高程 155m 处达到最高值，为（23.9±2.1）cm；而在高程 160m 处达到最低值，为（16±8.0）cm。

黄棕壤和紫色土消落带不同高程梯度下的狗牙根植物一级匍匐茎长不具有显著差异性（图 3-15）。

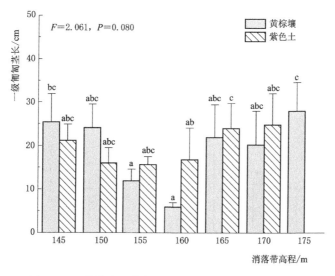

图 3-15　黄棕壤和紫色土消落带在不同高程梯度下的
狗牙根植物一级匍匐茎长

（6）根长。三峡库区大宁河 6 个消落带在不同高程梯度下狗牙根植物根长如图 3-16 所示。

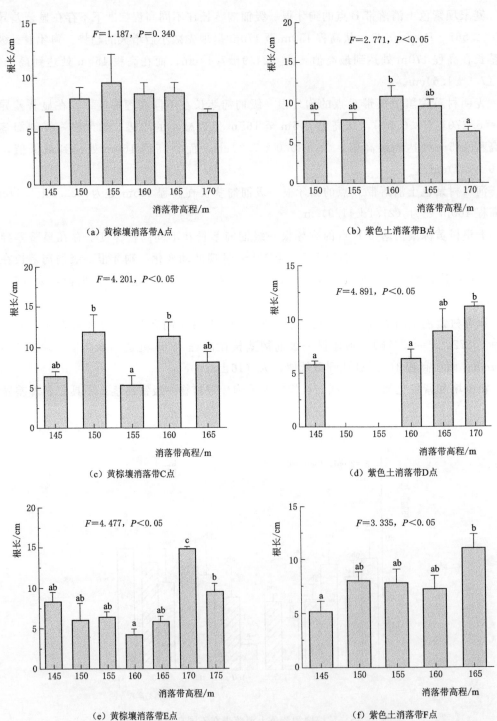

（a）黄棕壤消落带 A 点

（b）紫色土消落带 B 点

（c）黄棕壤消落带 C 点

（d）紫色土消落带 D 点

（e）黄棕壤消落带 E 点

（f）紫色土消落带 F 点

图 3-16 6 个消落带在不同高程梯度下的狗牙根植物根长

塞家坝黄棕壤消落带 A 点的狗牙根的根长在不同高程梯度下不存在显著差异性（$F=$ 1.187，$P=0.340$），从高程 145m 至 170m 呈现先增大后减小的趋势。狗牙根的根长在高程 155m 处达到最高值，为（9.5±2.7）cm；而在高程 145m 处达到最低值，为（5.5± 1.3）cm。

塞家坝紫色土消落带 B 点的狗牙根的根长在不同高程梯度下存在显著差异性（$F=$ 2.771，$P<0.05$），从高程 150m 至 170m 呈现先增大后减小的趋势。狗牙根的根长在高程 160m 处达到最高值，为（10.8±1.3）cm；而在高程 170m 处达到最低值，为（6.4± 0.6）cm。

光明村黄棕壤消落带 C 点的狗牙根的根长在不同高程梯度下存在显著差异性（$F=$ 4.201，$P<0.05$），从高程 145m 至 165m 呈现波动变化。狗牙根的根长在高程 160m 处达到最高值，为（11.4±1.7）cm；而在高程 155m 处达到最低值，为（5.3±1.2）cm。

河口村紫色土消落带 D 点的狗牙根的根长在不同高程梯度下存在显著差异性（$F=$ 4.891，$P<0.05$），从高程 145m 至 170m 呈现逐渐上升的趋势。狗牙根的根长在高程 170m 处达到最高值，为（11.2±0.3）cm；而在高程 145m 处达到最低值，为（5.8± 0.4）cm。

七里村黄棕壤消落带 E 点的狗牙根的根长在不同高程梯度下存在显著差异性（$F=$ 4.477，$P<0.05$），从高程 145m 至 175m 呈现波动变化。狗牙根的根长在高程 170m 处达到最高值，为（14.8±0.3）cm；而在高程 160m 处达到最低值，为（4.2±0.7）cm。

新春村紫色土消落带 F 点的狗牙根的根长在不同高程梯度下存在显著差异性（$F=3.335$，$P<0.05$），从高程 145m 至 165m 总体上呈现上升趋势。狗牙根的根长在高程 165m 处达到最高值，为（11±1.3）cm；而在高程 145m 处达到最低值，为（5.2± 0.9）cm。

黄棕壤和紫色土消落带在不同高程梯度下的狗牙根植物根长不具有显著差异性（图 3-17）。

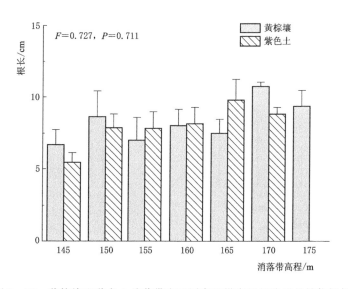

图 3-17 黄棕壤和紫色土消落带在不同高程梯度下的狗牙根植物根长

2. 狗牙根植物形态对不同水位高程的响应规律

我们通过将大宁河塞家坝 A 点、塞家坝 B 点、光明村 C 点、河口村 D 点、七里村 E 点和新春村 F 点的消落带进行整合，分析比较大宁河消落带不同高程梯度下狗牙根的植物形态特征规律，结果如图 3-18 和图 3-19 所示。

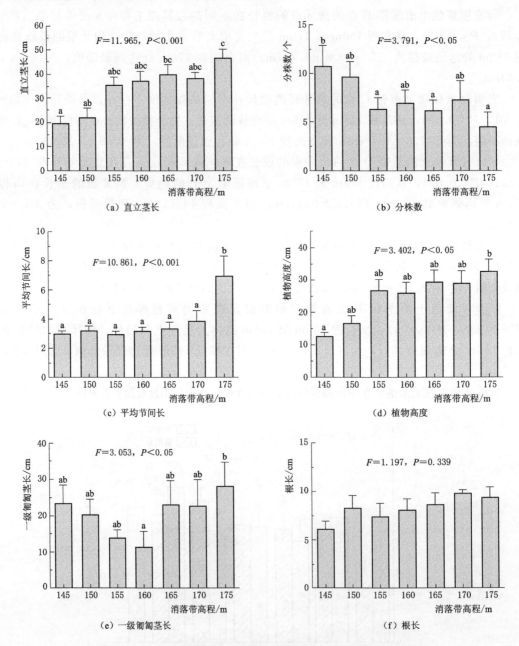

图 3-18　大宁河消落带在不同高程梯度下的狗牙根植物形态特征

大宁河消落带在不同高程梯度下的狗牙根直立茎长存在显著差异性（$F=11.965$，$P<0.001$），从高程 145m 处到 180m 处，狗牙根直立茎长呈现增加的趋势（黄棕壤消落

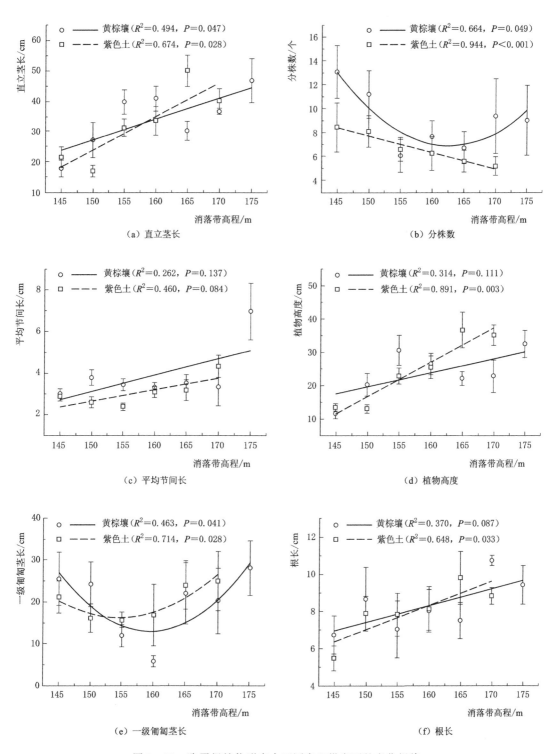

图 3-19　狗牙根植物形态在不同高程梯度下的变化规律

带：$R^2 = 0.494$，$P < 0.05$；紫色土消落带：$R^2 = 0.674$，$P < 0.05$），并且在高程 175m 处达到最大值，为 （46.8±7.3）cm。狗牙根直立茎长在高程 145m 处达到最低值，为 （19.6±3.1）cm。

大宁河消落带在不同高程梯度下的狗牙根分株数存在显著差异性 （$F = 3.791$，$P < 0.05$），在高程 145m 处达到最大分株数，为 （11±2）个分株，在高程 175m 处达到最低分株数，为 （5±1）个分株。在黄棕壤消落带中，分株数随高程的增加呈先减少后增加趋势 （$R^2 = 0.664$，$P < 0.05$）；在紫色土消落带中，分株数随高程的增加呈显著减少趋势 （$R^2 = 0.944$，$P < 0.001$）。

大宁河消落带在不同高程梯度下的狗牙根平均节间长存在显著差异性 （$F = 10.861$，$P < 0.001$），从高程 145m 处到高程 175m 处，狗牙根平均节间长呈现增加的趋势 （黄棕壤消落带：$R^2 = 0.262$，$P = 0.137$；紫色土消落带：$R^2 = 0.460$，$P = 0.084$），并且在高程 175m 处达到最大值，为 （7.0±1.3）cm。狗牙根平均节间长在高程 145m 处达到最低值，为 （3.0±0.2）cm。

大宁河消落带在不同高程梯度下的狗牙根植物高度存在显著差异性 （$F = 3.402$，$P < 0.05$），从高程 145m 处到高程 175m 处，狗牙根植物高度呈现增加的趋势 （黄棕壤消落带：$R^2 = 0.314$，$P = 0.111$；紫色土消落带：$R^2 = 0.891$，$P < 0.01$），并且在高程 175m 处达到最大值，为 （32.5±4.0）cm。狗牙根植物高度在高程 145m 处达到最低值，为 （12.6±1.3）cm。

大宁河消落带在不同高程梯度下的狗牙根一级匍匐茎长存在显著差异性 （$F = 3.053$，$P < 0.05$），从高程 145m 处到高程 175m 处，狗牙根一级匍匐茎长呈现先减少后增加的趋势 （黄棕壤消落带：$R^2 = 0.463$，$P < 0.05$；紫色土消落带：$R^2 = 0.714$，$P < 0.05$），并且在高程 175m 处达到最大值，为 （28.0±6.6）cm。狗牙根一级匍匐茎长在高程 160m 处达到最低值，为 （11.3±4.3）cm。

大宁河消落带不同高程梯度下的狗牙根的根长不存在显著差异性 （$F = 1.197$，$P = 0.339$）。狗牙根的根长在高程 175m 处达到最大值，为 （9.4±1.0）cm。狗牙根的根长在高程 145m 处达到最低值，为 （6.1±0.8）cm。黄棕壤消落带 （$R^2 = 0.370$，$P = 0.087$） 和紫色土消落带 （$R^2 = 0.648$，$P < 0.05$） 狗牙根根长随高程的增加而呈现增加的趋势。

3.4.4　狗牙根植物形态特征与土壤环境因子的关系

本研究分析了狗牙根的表观形态特征与土壤环境因子的 Spearman 秩相关关系 （表 3 - 2）。结果表明，狗牙根的植物高度与其直立茎长呈显著正相关关系 （$r = 0.95$，$P < 0.001$），而与其一级匍匐茎长 （$r = -0.44$，$P < 0.05$） 呈显著负相关关系。狗牙根的直立茎长与土壤含水率呈显著负相关关系 （$r = -0.48$，$P < 0.05$）。狗牙根的植物高度与土壤含水率呈显著负相关关系 （$r = -0.47$，$P < 0.05$），并且与土壤残余有机磷也呈现负相关关系 （$r = -0.41$，$P < 0.05$）。

表 3 - 2　狗牙根植物形态特征与土壤环境因子的 Spearman 秩相关关系

参数	直立茎长	分株数	平均节间长	植物高度	一级匍匐茎长	根长	土壤含水率	土壤容重	土壤总孔隙度	土壤pH	土壤电导率	土壤温度	土壤NH_4Cl-P	土壤BD-P	土壤NaOH-P	土壤Ca-P	土壤TN	土壤TP	土壤rest-P	高程	淹水时长
直立茎长	1.00																				
分株数	-0.21	1.00																			
平均节间长	0.24	0.09	1.00																		
植物高度	0.95**	-0.28	0.32	1.00																	
一级匍匐茎长	-0.44*	0.14	0.35	-0.31	1.00																
根长	0.25	-0.16	-0.04	0.22	-0.20	1.00															
土壤含水率	-0.48*	0.22	-0.13	-0.47*	0.01	-0.35	1.00														
土壤容重	0.03	0.36	0.08	0.03	-0.08	0.18	-0.14	1.00													
土壤总孔隙度	-0.03	-0.37	-0.08	-0.03	0.08	-0.18	0.14	-1.00**	1.00												
土壤pH	0.29	-0.11	0.12	0.30	0.34	0.22	-0.49*	0.10	-0.10	1.00											
土壤电导率	-0.06	-0.01	0.12	0.06	0.19	0.36	-0.10	0.00	0.00	0.12	1.00										
土壤温度	0.23	0.29	0.17	0.13	-0.06	-0.06	-0.02	-0.04	0.05	-0.04	-0.15	1.00									
土壤NH_4Cl-P	0.19	-0.31	-0.13	0.17	0.01	0.32	-0.50**	0.23	-0.24	0.43*	0.09	-0.21	1.00								
土壤BD-P	-0.02	-0.21	0.06	0.07	0.32	0.08	-0.45*	0.32	-0.32	0.41*	0.04	0.00	0.45*	1.00							
土壤NaOH-P	0.03	0.21	-0.07	0.02	-0.29	0.08	0.09	0.14	-0.13	-0.49*	0.06	0.44*	-0.05	0.10	1.00						
土壤Ca-P	0.26	-0.36	0.29	0.35	0.24	0.10	-0.37	0.04	-0.04	0.62**	0.03	-0.26	0.42*	0.36	-0.50**	1.00					
土壤TN	-0.06	-0.23	-0.30	-0.06	0.09	-0.28	-0.04	-0.45*	0.45*	-0.11	-0.08	-0.11	0.07	-0.13	-0.17	0.06	1.00				
土壤TP	0.15	-0.36	0.12	0.20	-0.11	0.18	-0.18	0.18	-0.19	0.09	0.04	-0.19	0.54**	0.27	0.04	0.54**	-0.05	1.00			
土壤rest-P	-0.35	-0.02	-0.25	-0.41*	-0.23	-0.07	0.15	-0.07	0.06	-0.52**	0.07	-0.27	0.23	-0.19	0.38	-0.41*	0.03	0.29	1.00		
高程	0.29	-0.07	0.37	0.26	0.28	0.25	-0.61**	0.00	0.00	0.28	0.28	-0.01	0.19	0.19	-0.23	0.11	0.23	0.06	-0.07	1.00	
淹水时长	-0.29	0.07	-0.37	-0.26	-0.28	-0.25	0.61**	0.00	0.00	-0.28	-0.28	0.01	-0.19	-0.19	0.23	-0.11	-0.23	-0.06	0.07	-1.00**	1.00

注：** $P<0.01$；* $P<0.05$。

土壤含水率与狗牙根直立茎长（$r=-0.48$，$P<0.05$）和植物高度（$r=-0.47$，$P<0.05$）呈显著负相关关系。狗牙根植物高度与残余有机磷呈显著负相关关系（$r=-0.41$，$P<0.05$）。土壤含水率与土壤 pH（$r=-0.49$，$P<0.05$）、土壤 NH_4Cl - P（$r=-0.50$，$P<0.001$）、土壤 BD - P（$r=-0.45$，$P<0.05$）、高程（$r=-0.61$，$P<0.001$）均呈现显著负相关关系，土壤含水率与淹没时长天数呈显著正相关关系（$r=0.61$，$P<0.001$）。

3.5 本章小结

根据 7—9 月的野外调查监测及分析，结果表明，大宁河消落带在 $145\sim165m$ 高程下的主要优势植物物种为狗牙根，偶见香附子和苍耳；在 170m 及其以上则植物多样性较高，除了上述几种还有野胡萝卜、豚草、小蓬草、马唐、大狼耙草、牡荆、黄香草木樨、菵草、狗尾草等。多为一年生和多年生草本植物，在消落带较高的高程梯度上，会有灌木、乔木以及农田等分布。

大宁河黄棕壤消落带和紫色土消落带同样高程梯度下的植物生物量和形态指标并无显著差异。植物生物量在消落带高程 $155\sim165m$ 处达到较高值。大宁河消落带狗牙根植物生物量与土壤 TN 含量呈显著正相关关系（$F=5.07$，$P<0.05$），植物生物量与消落带高程呈显著负相关关系（$F=4.30$，$P<0.05$），而与淹没时长呈显著正相关关系（$F=4.91$，$P<0.05$）。

黄棕壤和紫色土消落带不同高程梯度上的狗牙根直立茎长、分株数、平均节间长、植物高度、一级匍匐茎长、根长等 6 个植物形态指标之间不存在显著差异性。大宁河不同高程梯度下的狗牙根直立茎长、分株数、平均节间长、植物高度和一级匍匐茎长存在显著差异性，而不同高程梯度下的狗牙根根长不存在显著差异。

狗牙根的植物形态特征与环境因子存在一定的相关关系。狗牙根的植物高度与其直立茎长呈显著正相关关系（$r=0.95$，$P<0.001$），而与其一级匍匐茎长（$r=-0.44$，$P<0.05$）呈显著负相关关系。狗牙根的直立茎长与土壤含水率呈显著负相关关系（$r=-0.48$，$P<0.05$）。狗牙根的植物高度与土壤含水率呈显著负相关关系（$r=-0.47$，$P<0.05$），并且与土壤残余有机磷也呈现负相关关系（$r=-0.41$，$P<0.05$）。

土壤含水率与狗牙根直立茎长（$r=-0.48$，$P<0.05$）和植物高度（$r=-0.47$，$P<0.05$）呈显著负相关关系。狗牙根植物高度与残余有机磷呈显著负相关关系（$r=-0.41$，$P<0.05$）。土壤含水率与土壤 pH（$r=-0.49$，$P<0.05$）、土壤 NH_4Cl - P（$r=-0.50$，$P<0.001$）、土壤 BD - P（$r=-0.45$，$P<0.05$）、高程（$r=-0.61$，$P<0.001$）均呈现显著负相关关系，土壤含水率与淹没时长天数呈显著正相关关系（$r=0.61$，$P<0.001$）。

参 考 文 献

Abdala-Roberts L，Moreira X，Rasmann S，et al. 2016. Test of biotic and abiotic correlates of latitudinal variation in defences in the perennial herb *Ruellia nudiflora* [J]. Journal of Ecology，104：580-590.

Allen P, Bennett K, Heritage B. 2014. SPSS statistics version 22: A practical guide [EB]. Cengage Learning Australia.

Ambrose A R, Baxter W L, Wong CS, et al. 2015. Contrasting drought-response strategies in California redwoods [J]. Tree Physiology, 35: 453-469.

Berding N, Hurney A P. 2005. Flowering and lodging, physiological-based traits affecting cane and sugar yield-What do we know of their control mechanisms and how do we manage them? [J]. Field Crops Research, 92: 261-275.

Fielder H, Brotherton P, Hosking J, et al. 2015. Enhancing the conservation of crop wild relatives in England [J]. Plos One, 10: e0130804.

Grime J P. 1979. Plant strategies and vegetation processes [M]. John Wiley & Sons, Chichester.

Grime J P. 2006. Plant strategies, vegetation, and ecosystem properties [M]. John Wiley & Sons.

Lepš J, Šmilauer P. 2003. Multivariate analysis of ecological data using CANOCO [EB]. Cambridge university press.

Macarthur R H. 1984. Geographical ecology: patterns in the distribution of species [M]. Princeton University Press.

Ter Braak C J, Smilauer P. 2002. CANOCO reference manual and CanoDraw for Windows user's guide: software for canonical community ordination (version 4. 5) [EB]. www. canoco. com.

樊大勇, 熊高明, 张爱英, 等 . 2015. 三峡库区水位调度对消落带生态修复中物种筛选实践的影响 [J]. 植物生态学报, 39 (4): 416-432.

洪明, 郭泉水, 聂必红, 等 . 2011. 三峡库区消落带狗牙根种群对水陆生境变化的响应 [J]. 应用生态学报, 22 (11): 2829-2835.

郭燕, 杨邵, 沈雅飞, 等 . 2018. 三峡库区消落带现存草本植物组成与生态位 [J]. 应用生态学报, 29 (11): 3559-3568.

秦洪文, 刘正学, 钟彦, 等 . 2013a. 火棘叶片对水淹的生长及恢复生长响应 [J]. 西南农业学报, 26 (5): 2017-2021.

秦洪文, 刘正学, 钟彦, 等 . 2013b. 三峡库区岸生植物枸杞对短期水淹的恢复响应 [J]. 福建林学院学报, 33 (1): 43-47.

第4章 大宁河消落带优势植物构件的元素分布特征及其影响因素

随着大气中氮浓度的增加，一旦超过生态系统的需求，它就会对整个系统以及脆弱的生态系统造成破坏。长期升高的氮沉积会影响凋落物分解，这是控制养分循环、土壤肥力和初级生产力的关键过程（Luo et al.，2018）。在过去的几十年中，诸如集约化农业，畜牧业和化石燃料的燃烧等人为活动显著改变了全球氮循环（Ciais et al.，2013；Kanakidou et al.，2016）。增加了周围大气中含氮化合物的含量，并使氮沉积增加了数倍（Galloway et al.，2008；Galloway et al.，2004）。氮沉降的增加会影响许多生态系统过程，包括凋落物分解（Frey et al.，2014；Lovett et al.，2013；Zak et al.，2008）和养分循环（Yuan and Chen，2015）。凋落物包括土壤剖面中的顶层，并作为微生物代谢的能量和营养来源（Magill and Aber，2000）。凋落物分解是养分释放的一种机制，是受管理的生态系统和自然生态系统功能的关键过程（Bonan et al.，2013；Jonczak，2013）。因此，生态系统的稳定性取决于植物生长和凋落物分解之间的长期平衡。然而，据了解，植物在生长中及凋落对氮循环的影响，仍然存在知识空缺（Luo et al.，2018），尤其在消落带生态系统中植物遭受频繁的水淹及干旱交替过程。

消落带是一个非常独特的生态系统，连接陆域和水域环境（Zhu et al.，2013），两个相邻生态系统的交错带通常是元素循环的热点区域（McClain et al.，2003）。因此，消落带长期被视为氮转化的生物地球化学热区，并且是对于整个氮平衡非常重要的生物圈（Xiong et al.，2017）。波动的水文状况和土地与水之间频繁的物质交换为一系列生物和非生物过程提供了理想条件，这些过程与氮循环的矿化、硝化和反硝化过程相关（Kim et al.，2016，Chen et al.，2019）。

根系时常淹没的植物在水生生态系统消落带的营养元素循环和动态过程中起着至关重要的作用，并且可以利用沉积物和水柱中的养分（Madsen and Cedergreen，2002；Barko et al.，1991）。大型水生植物被认为是浅水淡水生态系统中的重要养分库。然而，如果它们死亡，其作为养分库的作用会被逆转，从而在重新淹没浸湿后释放养分（Li et al.，2014；Lu et al.，2017；Lin et al.，2019）。

水位波动是导致大型植物死亡，继而影响消落带营养元素循环的最重要的物理过程之一。水位波动可能是由降雨和径流等自然波动驱动的，也可以是水库由于人工取水或防洪作用导致的。因此，水库比自然河湖受到更频繁的水位波动。进而，水质恶化已成为水库供应饮用水和灌溉用水以及其他人类用水的主要威胁，并且在水位波动期间情况可能更加糟糕（Cooke et al.，2005；Gunkel and Sobral，2013；Keitel et al.，2016）。随着干旱时间的延长和洪灾的频繁发生，全球气候变化也可能加剧水位波动（Dai，2011；Hirabayashi et al.，2008；Wantzen et al.，2008）。

淹没的大型水生植物也可能从水位波动中恢复过来，主要取决于水位下降的持续时间。种子或休眠繁殖体的重新萌发提供了一种机制，因为它们比地上生物量和其他营养繁殖体更耐干旱（Bornette and Puijalon，2011；Liu et al.，2006）。水柱中携带的枝条碎片还可以为大型植物提供快速恢复的途径（Barrat-Segretain and Bornette，2000）。重生的淹没大型植物可以吸收腐烂的大型植物释放的养分，并与浮游植物竞争养分和光照（Scheffer et al.，1993；Søndergaard and Moss，1998）。因此，定量分析浅水淡水生态系统中水位波动期间大型植物作为营养物质的源或汇的相对重要性对于确定水位波动对水质的影响至关重要。然而，对于三峡消落带不同高程梯度下的植物营养元素含量是否存在差异尚不清楚。因此，本研究提出科学假设，消落带由于高程梯度的差异，水位波动的影响，不同高程梯度下的植物构件的元素分布存在差异性，并且可能是由于淹水时长、土壤环境差异等造成的。

4.1 样品采集与分析

为全面分析比较消落带不同高程梯度下狗牙根植物不同构件元素含量的差异性，由大宁河回水末端至长江干流交汇处选择了3个研究区，在每个研究区中根据消落带土质不同，分别选取黄棕壤消落带和紫色土消落带，即研究区1选取黄棕壤消落带A点和紫色土消落带B点；研究区2选取黄棕壤消落带C点和紫色土消落带D点；研究区3选取黄棕壤消落带E点和紫色土消落带F点；共计6个消落带研究区。在每个消落带研究区145～180m的高程梯度上每间隔5m高程布设调查样带，不同消落带研究区由于海拔高程不同，历史土地利用类型不同，样带数略有差异。于7—9月进行采样调查，该时间既为植物生长季末期，同时也为库区水位上调前，消落带即将被淹没。

在每条调查样带上的植物群落中分别布设3个重复采样点位，即在145m、150m、155m、160m、165m、170m、175m的植物群落中分别布设3个采样点位。在每个采样点位用1m×1m的样方框随机调查植物样方。在每个样方中，记录植物物种，连根挖出，并洗净晾干。由于狗牙根为优势植物物种，因此，可以比较不同高程梯度下的狗牙根植物不同构件中的元素含量情况，包括根、茎、叶三种植物构件，检测指标为总氮、总磷、木质素、纤维素和半纤维素含量。

为了揭示非生物因子对植物形态特征的影响作用，采集了相应的非生物因子指标。在每个采样点分别挖40cm深的剖面，用环刀在0～10cm，10～20cm，20～30cm，以及30～40cm依次采集3个重复的沉积物土芯（深5cm，直径5cm），同时利用土壤原位测定仪测量不同土层的电导率和温度。并将土壤带回实验室进行分析，检测土壤的土壤含水率、容重、孔隙度、pH、TP、有机质、有机碳、TN、磷分级等指标，详细检测方法见第二章。通过网站摘录了三峡水位随时间变化的数据，从而推算不同高程梯度的消落带的淹水时间长度。

4.2　数据统计分析

本研究应用单因子方差分析（ANOVA）比较了狗牙根植物不同构件根、茎、叶的指标（总氮、总磷、木质素、纤维素、半纤维素）含量，以及狗牙根不同构件指标含量与非生物因子（土壤有机质、总氮和总碳含量，孔隙水盐度、含水率、容重、TN、TP、TC以及水位、淹水时长）潜在关系。数据在必要的时候进行 $\log 10(x+1)$ 或者平方根转换。其次，应用 Spearman 秩相关关系分析比较了植物表观形态特征与非生物因子的关系。以上数据统计分析均应用软件 SPSS 20.0 实现（Allen et al.，2014）。

4.3　研　究　结　果

本研究在三峡库区大宁河支流消落带进行了采样，水位在 150m 左右，通过采样及实验室分析，结果如下。

4.3.1　消落带在不同高程梯度下的狗牙根植物构建的元素分布特征

1. 总氮

对 6 个消落带在不同高程梯度下的狗牙根植物根、茎、叶的总氮含量进行实验室检测，结果如图 4-1 所示。

蹇家坝黄棕壤消落带 A 点的狗牙根植物的叶片中总氮含量要明显高于根和茎中的总氮含量，不同高程梯度的狗牙根叶片平均总氮含量为 1.15mg/kg，根中的平均总氮含量为 0.79mg/kg，茎中的平均总氮含量为 0.60mg/kg。不同高程梯度的狗牙根植物根中的总氮含量变化范围为 0.43~1.14mg/kg，狗牙根植物根中的总氮含量在高程 160m 处达到最大值，在高程 145m 处达到最低值。不同高程梯度的狗牙根植物茎中的总氮含量变化范围为 0.39~0.68mg/kg，狗牙根植物茎中的总氮含量在高程 145m 处达到最大值，在高程 170m 处达到最低值。不同高程梯度的狗牙根植物叶片中的总氮含量变化范围为 0.73~1.67mg/kg，狗牙根植物叶片中的总氮含量在高程 155m 处达到最大值，在高程 150m 处达到最低值。在高程 145m 处，根、茎、叶中的总氮含量依次升高，而在水位 150~170m 处，狗牙根植物茎中的总氮含量低于根和叶中的总氮含量，155m 处叶片总氮含量几乎是茎和根中总氮含量的两倍。

蹇家坝紫色土消落带 B 点在不同高程梯度的狗牙根植物根中的平均总氮含量为 0.61mg/kg，茎中的平均总氮含量为 0.49mg/kg，叶片的平均总氮含量为 0.83mg/kg。不同高程梯度的狗牙根植物根中的总氮含量变化范围为 0.54~0.72mg/kg，狗牙根植物根中的总氮含量在高程 145m 处达到最大值，在高程 165m 处达到最低值。不同高程梯度的狗牙根植物茎中的总氮含量变化范围为 0.33~0.70mg/kg，狗牙根植物茎中的总氮含量在高程 145m 处达到最大值，在高程 165m 处达到最低值。不同高程梯度的狗牙根植物叶片中的总氮含量变化范围为 0.34~1.53mg/kg，狗牙根植物叶片中的总氮含量在高程 150m 处

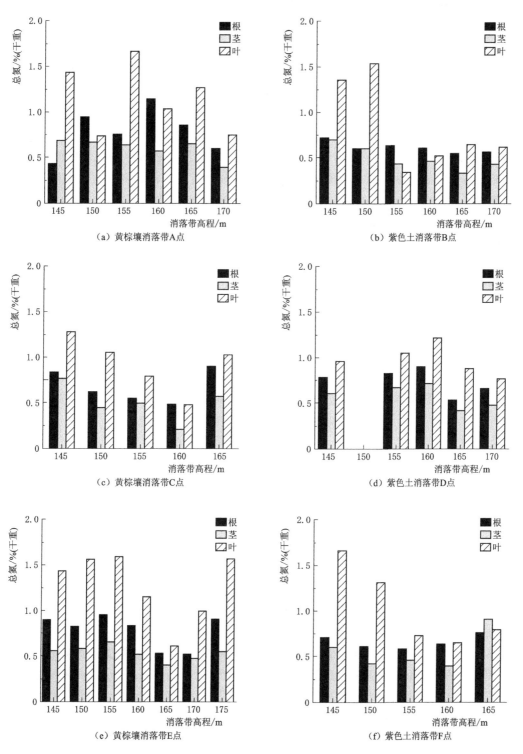

图 4-1　6个消落带在不同高程梯度下狗牙根的根茎叶的总氮含量

达到最大值，在高程 155m 处达到最低值。在高程 145m 和 150m 处，狗牙根植物叶片中的总氮含量约是根和茎中的总氮含量的两倍。

光明村黄棕壤消落带 C 点在不同高程梯度的狗牙根植物根中的平均总氮含量为 0.68mg/kg，茎中的平均总氮含量为 0.50mg/kg，叶片的平均总氮含量为 0.93mg/kg。不同高程梯度的狗牙根植物根中的总氮含量变化范围为 0.48～0.90mg/kg，狗牙根植物根中的总氮含量在高程 165m 处达到最大值，在高程 160m 处达到最低值。不同高程梯度的狗牙根植物茎中的总氮含量变化范围为 0.20～0.76mg/kg，狗牙根植物茎中的总氮含量在高程 145m 处达到最大值，在高程 160m 处达到最低值。不同高程梯度的狗牙根植物叶片中的总氮含量变化范围为 0.48～1.28mg/kg，狗牙根植物叶片中的总氮含量在高程 145m 处达到最大值，在高程 160m 处达到最低值。不同高程上的狗牙根植物叶片中的总氮含量最高，其次是根中的总氮含量，茎中的总氮含量最少。

河口村紫色土消落带 D 点在不同高程梯度的狗牙根植物根中的平均总氮含量为 0.76mg/kg，茎中的平均总氮含量为 0.60mg/kg，叶片的平均总氮含量为 1.02mg/kg。不同高程梯度的狗牙根植物根中的总氮含量变化范围为 0.53～0.90mg/kg，狗牙根植物根中的总氮含量在高程 160m 处达到最大值，在高程 165m 处达到最低值。不同高程梯度的狗牙根植物茎中的总氮含量变化范围为 0.42～0.71mg/kg，狗牙根植物茎中的总氮含量在高程 160m 处达到最大值，在高程 165m 处达到最低值。不同高程梯度的狗牙根植物叶片中的总氮含量变化范围为 0.88～1.22mg/kg，狗牙根植物叶片中的总氮含量在高程 160m 处达到最大值，在高程 165m 处达到最低值。不同高程上的狗牙根植物叶片中的总氮含量最高，其次是根中的总氮含量，茎中的总氮含量最少。

七里村黄棕壤消落带 E 点在不同高程梯度下的狗牙根植物根中的平均总氮含量为 0.81mg/kg，茎中的平均总氮含量为 0.54mg/kg，叶片的平均总氮含量为 1.27mg/kg。不同高程梯度的狗牙根植物根中的总氮含量变化范围为 0.53～0.95mg/kg，狗牙根植物根中的总氮含量在高程 155m 处达到最大值，在高程 165m 处达到最低值。不同高程梯度的狗牙根植物茎中的总氮含量变化范围为 0.40～0.66mg/kg，狗牙根植物茎中的总氮含量在高程 155m 处达到最大值，在高程 165m 处达到最低值。不同高程梯度的狗牙根植物叶片中的总氮含量变化范围为 0.61～1.59mg/kg，狗牙根植物叶片中的总氮含量在高程 155m 处达到最大值，在高程 165m 处达到最低值。不同高程上的狗牙根植物叶片中的总氮含量最高，其次是根中的总氮含量，茎中的总氮含量最少。

新春村紫色土消落带 F 点在不同高程梯度的狗牙根植物根中的平均总氮含量为 0.66mg/kg，茎中的平均总氮含量为 0.56mg/kg，叶片的平均总氮含量为 1.03mg/kg。不同高程梯度的狗牙根植物根中的总氮含量变化范围为 0.58～0.76mg/kg，狗牙根植物根中的总氮含量在高程 165m 处达到最大值，在高程 155m 处达到最低值。不同高程梯度的狗牙根植物茎中的总氮含量变化范围为 0.40～0.91mg/kg，狗牙根植物茎中的总氮含量在高程 165m 处达到最大值，在高程 160m 处达到最低值。不同高程梯度的狗牙根植物叶片中的总氮含量变化范围为 0.65～1.66mg/kg，狗牙根植物叶片中的总氮含量在高程 145m 处达到最大值，在高程 160m 处达到最低值。不同高程上的狗牙根植物叶片中的总氮含量最高，其次是根中的总氮含量，茎中的总氮含量最少，只有在高程 165m 处总氮含量在茎中略高于根和叶片中的含量。

2. 总磷

对 6 个消落带在不同高程梯度下的狗牙根植物根、茎、叶的总磷含量进行实验室检测，结果如图 4-2 所示。

塞家坝黄棕壤消落带 A 点在不同高程梯度的狗牙根植物根中的平均总磷含量为 0.14mg/kg，茎中的平均总磷含量为 0.19mg/kg，叶片平均总磷含量为 0.21mg/kg。不同高程梯度的狗牙根植物根中的总磷含量变化范围为 0.10～0.18mg/kg，狗牙根植物根中的总磷含量在高程 170m 处达到最大值，在高程 165m 处达到最低值。不同高程梯度的狗牙根植物茎中的总磷含量变化范围为 0.14～0.25mg/kg，狗牙根植物茎中的总磷含量在高程 170m 处达到最大值，在高程 165m 处达到最低值。不同高程梯度的狗牙根植物叶片中的总磷含量变化范围为 0.12～0.28mg/kg，狗牙根植物叶片中的总磷含量在高程 170m 处达到最大值，在高程 150m 处达到最低值。在高程除 150m 外，其余高程上的狗牙根植物根、茎、叶中的总磷含量依次升高，且差异不显著。

塞家坝紫色土消落带 B 点在不同高程梯度的狗牙根植物根中的平均总磷含量为 0.14mg/kg，茎中的平均总磷含量为 0.23mg/kg，叶片的平均总磷含量为 0.20mg/kg。不同高程梯度的狗牙根植物根中的总磷含量变化范围为 0.11～0.16mg/kg，狗牙根植物根中的总磷含量在高程 170m 处达到最大值，在高程 145m 处达到最低值。不同高程梯度的狗牙根植物茎中的总磷含量变化范围为 0.18～0.27mg/kg，狗牙根植物茎中的总磷含量在高程 150m 处达到最大值，在高程 145m 处达到最低值。不同高程梯度的狗牙根植物叶片中的总磷含量变化范围为 0.18～0.22mg/kg，狗牙根植物叶片中的总磷含量在高程 150m 处达到最大值，在高程 170m 处达到最低值。整体上，狗牙根植物茎的总磷含量略高于叶片和根中的总磷含量。

光明村黄棕壤消落带 C 点在不同高程梯度的狗牙根植物根中的平均总磷含量为 0.14mg/kg，茎中的平均总磷含量为 0.19mg/kg，叶片的平均总磷含量为 0.17mg/kg。不同高程梯度的狗牙根植物根中的总磷含量变化范围为 0.11～0.17mg/kg，狗牙根植物根中的总磷含量在高程 155m 处达到最大值，在高程 165m 处达到最低值。不同高程梯度的狗牙根植物茎中的总磷含量变化范围为 0.11～0.27mg/kg，狗牙根植物茎中的总磷含量在高程 155m 处达到最大值，在高程 165m 处达到最低值。不同高程梯度的狗牙根植物叶片中的总磷含量变化范围为 0.10～0.24mg/kg，狗牙根植物叶片中的总磷含量在高程 150m 处达到最大值，在高程 160m 处达到最低值。整体上，在高程 160～165m 处的狗牙根植物根、茎、叶的总磷含量低于 145～155m 处的狗牙根的植物根、茎、叶的总磷含量。

河口村紫色土消落带 D 点在不同高程梯度的狗牙根植物根中的平均总磷含量为 0.17mg/kg，茎中的平均总磷含量为 0.29mg/kg，叶片的平均总磷含量为 0.27mg/kg。不同高程梯度的狗牙根植物根中的总磷含量变化范围为 0.12～0.19mg/kg，狗牙根植物根中的总磷含量在高程 170m 处达到最大值，在高程 160m 处达到最低值。不同高程梯度的狗牙根植物茎中的总磷含量变化范围为 0.25～0.35mg/kg，狗牙根植物茎中的总磷含量在高程 165m 处达到最大值，在高程 145m 处达到最低值。不同高程梯度的狗牙根植物叶片中的总磷含量变化范围为 0.26～0.30mg/kg，狗牙根植物叶片中的总磷含量在高程 165m 处

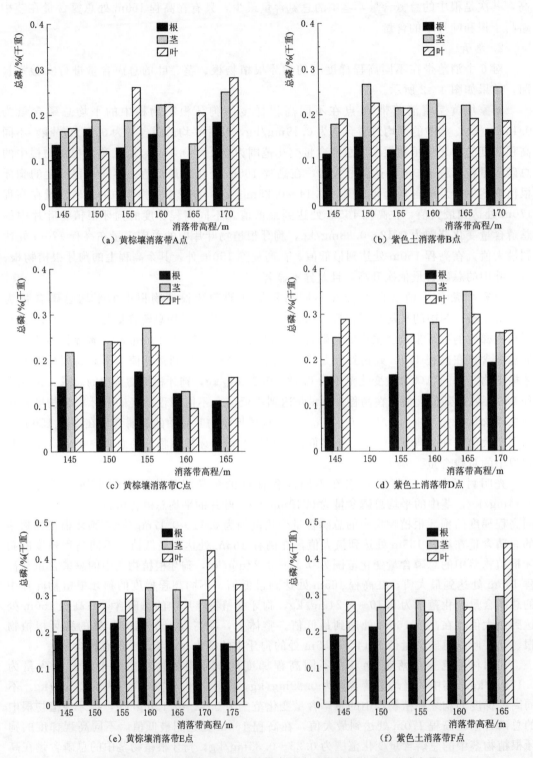

（a）黄棕壤消落带A点

（b）紫色土消落带B点

（c）黄棕壤消落带C点

（d）紫色土消落带D点

（e）黄棕壤消落带E点

（f）紫色土消落带F点

图 4-2　6个消落带在不同高程梯度下狗牙根的根茎叶的总磷含量

达到最大值，在高程 155m 处达到最低值。整体上在不同高程上的狗牙根植物茎和叶片中的总磷含量均高于根中的总磷含量。

七里村黄棕壤消落带 E 点在不同高程梯度的狗牙根植物根中的平均总磷含量为 0.21mg/kg，茎中的平均总磷含量为 0.29mg/kg，叶片的平均总磷含量为 0.29mg/kg。不同高程梯度的狗牙根植物根中的总磷含量变化范围为 0.16～0.24mg/kg，狗牙根植物根中的总磷含量在高程 160m 处达到最大值，在高程 170m 处达到最低值。不同高程梯度的狗牙根植物茎中的总磷含量变化范围为 0.24～0.32mg/kg，狗牙根植物茎中的总磷含量在高程 160m 处达到最大值，在高程 155m 处达到最低值。不同高程梯度的狗牙根植物叶片中的总磷含量变化范围为 0.19～0.42mg/kg，狗牙根植物叶片中的总磷含量在高程 170m 处达到最大值，在高程 145m 处达到最低值。整体上，在高程 170～175m 上的狗牙根植物叶片中的总磷含量显著高于根和茎中的总磷含量。

新春村紫色土消落带 F 点在不同高程梯度的狗牙根植物根中的平均总磷含量为 0.20mg/kg，茎中的平均总磷含量为 0.26mg/kg，叶片的平均总磷含量为 0.31mg/kg。不同高程梯度的狗牙根植物根中的总磷含量变化范围为 0.19～0.22mg/kg，狗牙根植物根中的总磷含量在高程 155m 处达到最大值，在高程 160m 处达到最低值。不同高程梯度的狗牙根植物茎中的总磷含量变化范围为 0.19～0.29mg/kg，狗牙根植物茎中的总磷含量在高程 165m 处达到最大值，在高程 145m 处达到最低值。不同高程梯度的狗牙根植物叶片中的总磷含量变化范围为 0.25～0.44mg/kg，狗牙根植物叶片中的总磷含量在高程 165m 处达到最大值，在高程 155m 处达到最低值。整体上，在不同高程下的狗牙根植物根、茎、叶片中的总磷含量依次升高。

3. 纤维素

对 6 个消落带在不同高程梯度上的狗牙根植物茎叶的纤维素含量进行实验室检测，结果如图 4-3 所示。

塞家坝黄棕壤消落带 A 点在不同高程梯度的狗牙根植物茎叶中的纤维素含量变化范围为 17.98%～23.33%（干重），平均值为 21.69%（干重）。狗牙根植物茎叶中的纤维素在高程 165m 处达到最大值，在高程 145m 处达到最低值。

塞家坝紫色土消落带 B 点在不同高程梯度的狗牙根植物茎叶中的纤维素含量变化范围为 22.47%～27.71%（干重），平均值为 24.15%（干重）。狗牙根植物茎叶中的纤维素在高程 150m 处达到最大值，在高程 170m 处达到最低值。

光明村黄棕壤消落带 C 点在不同高程梯度的狗牙根植物茎叶中的纤维素含量变化范围为 18.00%～22.93%（干重），平均值为 21.03%（干重）。狗牙根植物茎叶中的纤维素在高程 145m 处达到最大值，在高程 155m 处达到最低值。

河口村紫色土消落带 D 点在不同高程梯度的狗牙根植物茎叶中的纤维素含量变化范围为 21.94%～33.31%（干重），平均值为 24.70%（干重）。狗牙根植物茎叶中的纤维素在高程 170m 处达到最大值，在高程 155m 处达到最低值。

七里村黄棕壤消落带 E 点在不同高程梯度的狗牙根植物茎叶中的纤维素含量变化范围为 22.52%～30.80%（干重），平均值为 26.30%（干重）。狗牙根植物茎叶中的纤维素在高程 170m 处达到最大值，在高程 160m 处达到最低值。

新春村紫色土消落带 F 点在不同高程梯度的狗牙根植物茎叶中的纤维素含量变化范围

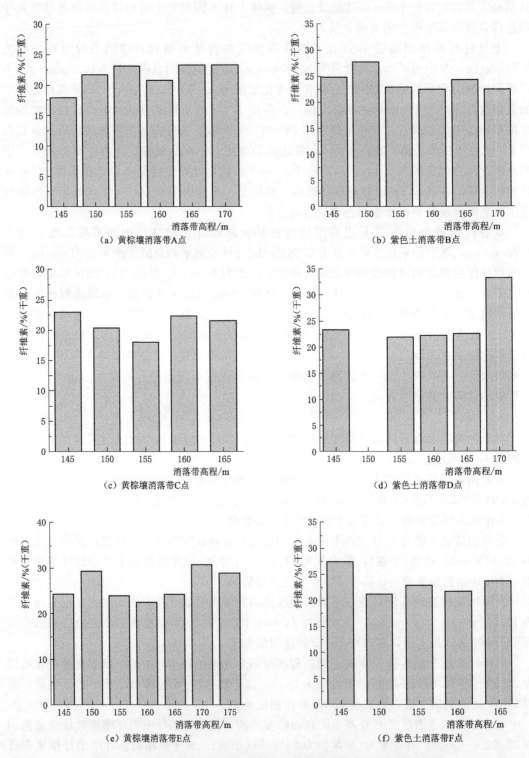

图 4-3　6 个消落带在不同高程梯度下狗牙根植物茎叶的纤维素含量

为 21.26%～23.75%(干重),平均值为 23.45%(干重)。狗牙根植物茎叶中的纤维素在高程 165m 处达到最大值,在高程 150m 处达到最低值。

4. 半纤维素

对 6 个消落带在不同高程梯度下的狗牙根植物茎叶的半纤维素含量进行实验室检测,结果如图 4-4 所示。

蹇家坝黄棕壤消落带 A 点在不同高程梯度的狗牙根植物茎叶中的半纤维素含量变化范围为 24.12%～32.10%(干重),平均值为 29.09%(干重)。狗牙根植物茎叶中的半纤维素在高程 160m 处达到最大值,在高程 145m 处达到最低值。

蹇家坝紫色土消落带 B 点在不同高程梯度的狗牙根植物茎叶中的半纤维素含量变化范围为 24.09%～31.65%(干重),平均值为 28.89%(干重)。狗牙根植物茎叶中的半纤维素在高程 160m 处达到最大值,在高程 145m 处达到最低值。

光明村黄棕壤消落带 C 点在不同高程梯度的狗牙根植物茎叶中的半纤维素含量变化范围为 28.07%～30.35%(干重),平均值为 28.96%(干重)。狗牙根植物茎叶中的半纤维素在高程 145m 处达到最大值,在高程 150m 处达到最低值。

河口村紫色土消落带 D 点在不同高程梯度的狗牙根植物茎叶中的半纤维素含量变化范围为 27.47%～31.00%(干重),平均值为 28.81%(干重)。狗牙根植物茎叶中的半纤维素在高程 160m 处达到最大值,在高程 145m 处达到最低值。

七里村黄棕壤消落带 E 点在不同高程梯度的狗牙根植物茎叶中的半纤维素含量变化范围为 26.18%～32.63%(干重),平均值为 29.10%(干重)。狗牙根植物茎叶中的半纤维素在高程 160m 处达到最大值,在高程 150m 处达到最低值。

新春村紫色土消落带 F 点在不同高程梯度的狗牙根植物茎叶中的半纤维素含量变化范围为 25.03%～46.54%(干重),平均值为 33.40%(干重)。狗牙根植物茎叶中的半纤维素在高程 150m 处达到最大值,在高程 145m 处达到最低值。

5. 木质素

对 6 个消落带在不同高程梯度上的狗牙根植物茎叶的木质素含量进行实验室检测,结果如图 4-5 所示。

蹇家坝黄棕壤消落带 A 点在不同高程梯度的狗牙根植物茎叶中的木质素含量变化范围为 7.44%～12.97%(干重),平均值为 10.26%(干重)。狗牙根植物茎叶中的木质素在高程 145m 处达到最大值,在高程 150m 处达到最低值。

蹇家坝紫色土消落带 B 点在不同高程梯度的狗牙根植物茎叶中的木质素含量变化范围为 9.49%～12.12%(干重),平均值为 10.3%(干重)。狗牙根植物茎叶中的木质素在高程 145m 处达到最大值,在高程 170m 处达到最低值。

光明村黄棕壤消落带 C 点在不同高程梯度的狗牙根植物茎叶中的木质素含量变化范围为 5.70%～10.02%(干重),平均值为 7.82%(干重)。狗牙根植物茎叶中的木质素在高程 165m 处达到最大值,在高程 155m 处达到最低值。

河口村紫色土消落带 D 点在不同高程梯度的狗牙根植物茎叶中的木质素含量变化范围为 8.21%～10.79%(干重),平均值为 9.49%(干重)。狗牙根植物茎叶中的木质素在高程 160m 处达到最大值,在高程 170m 处达到最低值。

七里村黄棕壤消落带 E 点在不同高程梯度的狗牙根植物茎叶中的木质素含量变化范围

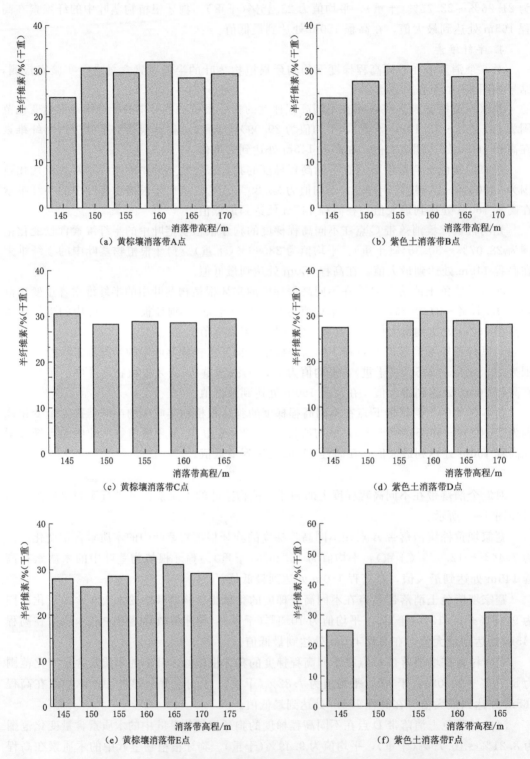

（a）黄棕壤消落带A点

（b）紫色土消落带B点

（c）黄棕壤消落带C点

（d）紫色土消落带D点

（e）黄棕壤消落带E点

（f）紫色土消落带F点

图 4-4　6 个消落带在不同高程梯度下狗牙根的茎叶的半纤维素含量

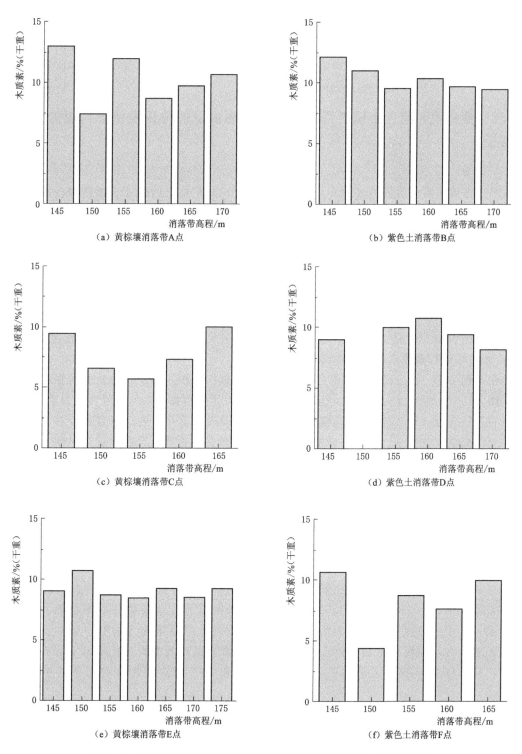

图 4-5 6 个消落带在不同高程梯度下狗牙根的茎叶的木质素含量

为 8.51％～10.72％（干重），平均值为 9.16％（干重）。狗牙根植物茎叶中的木质素在高程
150m 处达到最大值，在高程 160m 处达到最低值。

新春村紫色土消落带 F 点在不同高程梯度的狗牙根植物茎叶中的木质素含量变化范围
为 4.37％～10.66％（干重），平均值为 8.27％（干重）。狗牙根植物茎叶中的木质素在高程
145m 处达到最大值，在高程 150m 处达到最低值。

4.3.2 黄棕壤和紫色土消落带在不同高程梯度下的狗牙根植物构建的元素分布特征

1. 总氮

通过将黄棕壤消落带 A 点、C 点、E 点在不同高程梯度下的狗牙根植物根、茎、叶的
总氮含量求平均值，并且与紫色土消落带 B 点、D 点、F 点在不同高程梯度下的狗牙根植
物根、茎、叶的总氮含量平均值进行方差比较分析，结果如图 4-6 所示。

在高程 145m 处，黄棕壤和紫色土消落带狗牙根植物根、茎、叶的总氮含量存在显著
差异性（$F=9.984$，$P<0.05$），且叶中的总氮含量显著高于根、茎中的总氮含量（约 2
倍），而黄棕壤与紫色土间不存在显著差异性。

在高程 150m 处，黄棕壤和紫色土消落带狗牙根植物根、茎、叶的总氮含量存在显著
差异性（$F=5.621$，$P<0.05$），且叶中的总氮含量显著高于根、茎中的总氮含量（约 2
倍），而黄棕壤与紫色土间不存在显著差异性。

在高程 155m 处，黄棕壤和紫色土消落带狗牙根植物根、茎、叶的总氮含量存在显著
差异性（$F=3.580$，$P<0.05$），且黄棕壤消落带狗牙根植物叶中的总氮含量显著高于根、
茎中的总氮含量（约 2 倍）。黄棕壤与紫色土消落带狗牙根叶中的总氮含量存在显著差异
性，而黄棕壤和紫色土消落带狗牙根植物根和茎中的总氮含量不存在显著差异性。

在高程 160m 处，黄棕壤和紫色土消落带狗牙根植物根、茎、叶的总氮含量不存在显
著差异性（$F=1.241$，$P=0.349$），且黄棕壤与紫色土消落带狗牙根植物根和叶中的总氮
含量均大于茎中的总氮含量。

在高程 165m 处，黄棕壤和紫色土消落带狗牙根植物根、茎、叶的总氮含量不存在显
著差异性（$F=1.651$，$P=0.221$），且黄棕壤与紫色土消落带狗牙根植物根和叶中的总氮
含量均大于茎中的总氮含量。

在高程 170m 处，黄棕壤和紫色土消落带狗牙根植物根、茎、叶的总氮含量存在
显著差异性（$F=5.861$，$P<0.05$），且黄棕壤消落带狗牙根植物叶中的总氮含量显著
高于根、茎中的总氮含量（约 2 倍）。黄棕壤与紫色土消落带狗牙根叶中的总氮含量存
在显著差异性，而黄棕壤和紫色土消落带狗牙根植物根和茎中的总氮含量不存在显著差
异性，且黄棕壤与紫色土消落带狗牙根植物根和叶中的总氮含量均大于茎中的总氮
含量。

2. 总磷

通过将黄棕壤消落带 A 点、C 点、E 点在不同高程梯度下的狗牙根植物根、茎、叶的
总磷含量求平均值，并且与紫色土消落带 B 点、D 点、F 点在不同高程梯度下的狗牙根植
物根、茎、叶的总磷含量平均值进行方差比较分析，结果如图 4-7 所示。

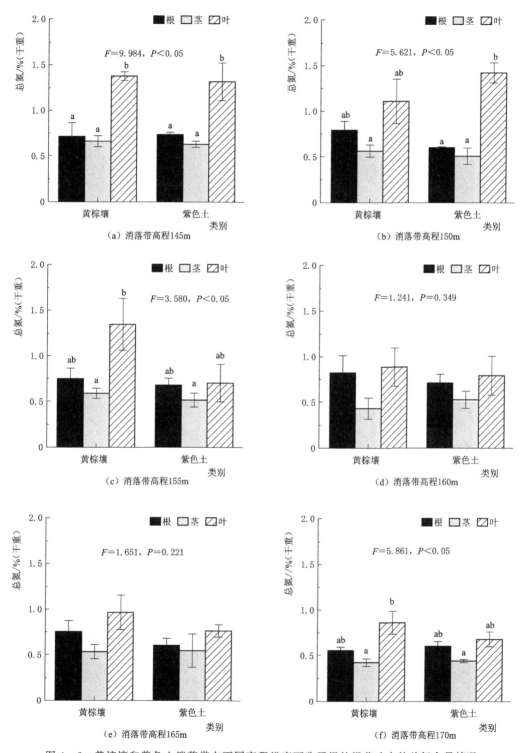

图 4 - 6　黄棕壤和紫色土消落带在不同高程梯度下狗牙根的根茎叶中的总氮含量情况

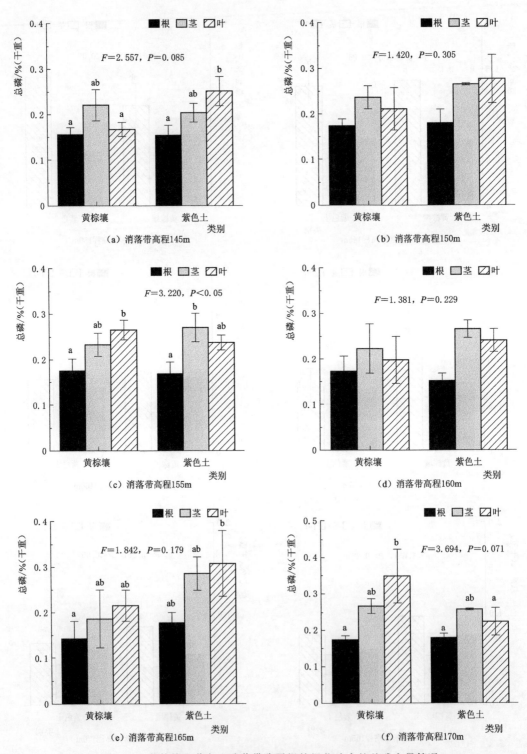

图 4-7　黄棕壤和紫色土消落带狗牙根的根茎叶中的总磷含量情况

在高程145m处，黄棕壤和紫色土消落带狗牙根植物根、茎、叶的总磷含量不存在显著差异性（$F=2.557$，$P=0.085$）；黄棕壤消落带狗牙根植物茎中的总磷含量高于根和叶中的总磷含量；而紫色土消落带狗牙根植物根、茎、叶中的总磷含量呈递增趋势，叶中的总磷含量显著高于根中的总磷含量。

在高程150m处，黄棕壤和紫色土消落带狗牙根植物根、茎、叶的总磷含量不存在显著差异性（$F=1.420$，$P=0.305$），黄棕壤消落带狗牙根植物茎中的总磷含量高于根和叶中的总磷含量，而紫色土消落带狗牙根植物根、茎、叶中的总磷含量呈递增趋势。

在高程155m处，黄棕壤和紫色土消落带狗牙根植物根、茎、叶的总磷含量存在显著差异性（$F=3.220$，$P<0.05$），黄棕壤消落带狗牙根植物根、茎、叶中的总磷含量呈递增趋势，且叶中的总磷含量显著大于根中的总磷含量；而紫色土消落带狗牙根植物茎中的总磷含量显著高于根中总磷含量，略高于叶中的总磷含量。

在高程160m处，黄棕壤和紫色土消落带狗牙根植物根、茎、叶的总磷含量不存在显著差异性（$F=1.381$，$P=0.229$），且黄棕壤与紫色土消落带狗牙根植物茎中的总磷含量均大于根和叶中的总磷含量。

在高程165m处，黄棕壤和紫色土消落带狗牙根植物根、茎、叶的总磷含量不存在显著差异性（$F=1.842$，$P=0.179$），且黄棕壤与紫色土消落带狗牙根植物根、茎、叶中的总磷均呈现递增趋势。

在高程170m处，黄棕壤和紫色土消落带狗牙根植物根、茎、叶的总磷含量不存在显著差异性（$F=3.694$，$P=0.071$），黄棕壤消落带狗牙根植物根、茎、叶中的总磷均呈现递增趋势，且叶中的总磷含量显著大于根中的总磷含量；而紫色土消落带狗牙根植物茎中的总磷含量略大于根和叶中的总磷含量，不具有显著差异性。

3. 纤维素

通过将黄棕壤消落带A点、C点、E点在不同高程梯度下的狗牙根植物茎叶的纤维素含量求平均值，并且与紫色土消落带B点、D点、F点在不同高程梯度下的狗牙根植物茎叶的纤维素含量平均值进行方差比较分析，结果如图4-8所示。黄棕壤与紫色土之间的狗牙根植物茎叶的纤维素含量不具有显著差异性（$F=0.981$，$P=0.492$），随着水位高程的升高，植物茎叶的纤维素含量在170m处达到最高值，其中，黄棕壤消落带狗牙根植物茎叶的纤维素含量为27.06%±3.74%(干重)，紫色土消落带狗牙根植物茎叶的纤维素含量为27.89%±5.42%(干重)。

4. 半纤维素

通过将黄棕壤消落带A点、C点、E点在不同高程梯度下的狗牙根植物茎叶的半纤维素含量求平均值，并且与紫色土消落带B点、D点、F点在不同高程梯度下的狗牙根植物茎叶的半纤维素含量平均值进行方差比较分析，结果如图4-9所示。黄棕壤与紫色土之间的狗牙根植物茎叶的半纤维素含量不具有显著差异性（$F=1.689$，$P=0.145$）。紫色土消落带狗牙根植物茎叶的其半纤维素含量在高程145m处达到最

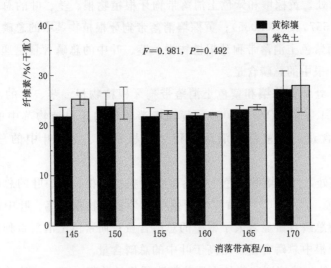

图 4-8　黄棕壤和紫色土消落带狗牙根的茎叶的纤维素含量

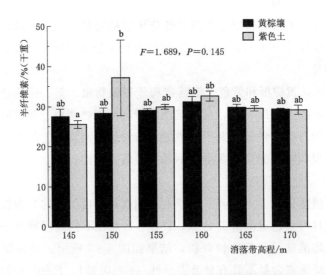

图 4-9　黄棕壤和紫色土消落带在不同高程梯度下
狗牙根的茎叶的半纤维素含量

低值，为 25.53%±1.01%（干重），在高程 150m 处达到最大值，为 37.14%±
9.39%（干重）。

5. 木质素

通过将黄棕壤消落带 A 点、C 点、E 点在不同高程梯度下的狗牙根植物茎叶的木质素含量求平均值，并且与紫色土消落带 B 点、D 点、F 点在不同高程梯度下的狗牙根植物茎叶的木质素含量平均值进行方差比较分析，结果如图 4-10 所示。黄棕壤与紫色土之间的狗牙根植物茎叶的木质素含量不具有显著差异性（$F=0.598$，$P=0.810$），在高程

145m 处均达到最大值，其中，黄棕壤消落带狗牙根植物茎叶的木质素含量为 10.50%±1.24%（干重），紫色土的为 10.60%±0.90%（干重）。

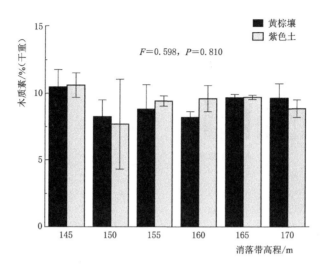

图 4-10 黄棕壤和紫色土消落带在不同高程梯度下
狗牙根的茎叶的木质素含量

4.3.3 大宁河消落带在不同高程梯度下的狗牙根植物元素分布特征

1. 总氮

通过将大宁河蹇家坝 A 点、蹇家坝 B 点、光明村 C 点、河口村 D 点、七里村 E 点和新春村 F 点的消落带狗牙根植物检测数据进行整合，分析比较大宁河消落带不同高程梯度下的狗牙根植物根、茎、叶中的总氮含量分布规律，结果如图 4-11 所示。

大宁河消落带在不同高程梯度下的狗牙根植物根、茎、叶中的总氮含量存在显著差异性（$F=6.236$，$P<0.001$），不同高程梯度下的狗牙根植物的总氮含量为叶＞根＞茎；不同高程的消落带狗牙根植物的叶、根、茎的平均总氮含量依次为 1.02%±0.13%（干重）、0.70%±0.39%（干重）、0.54%±0.05%（干重）；并且从高程 145m 处至 170m 处，叶中的总氮含量呈现逐步减少的趋势，具有显著差异性，变化范围为 1.35%±0.09%（干重）至 0.78%±0.08%（干重）。

狗牙根植物根在消落带高程增加的梯度上呈现一般下降趋势，不具有显著性（黄棕壤消落带：$R^2=0.031$，$P=0.342$；紫壤土消落带：$R^2=0.104$，$P=0.277$）。随着高程梯度的增加，狗牙根植物茎中的总氮含量呈降低趋势（黄棕壤消落带：$R^2=0.578$，$P<0.05$；紫壤土消落带：$R^2=0.371$，$P=0.118$）。随着消落带高程的增加，狗牙根植物叶中的总氮含量呈显著下降趋势（黄棕壤消落带：$R^2=0.580$，$P<0.05$；紫壤土消落带：$R^2=0.577$，$P<0.05$）。

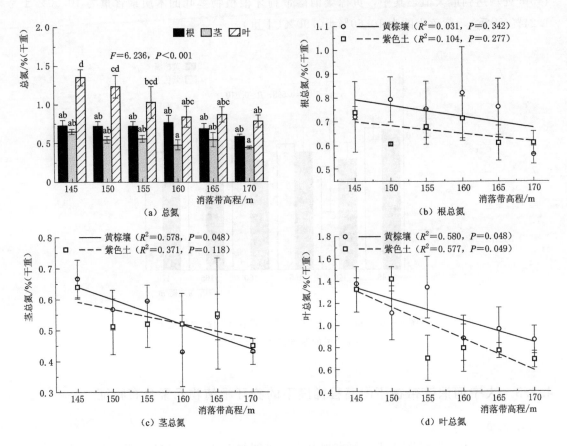

图 4 - 11　大宁河消落带在不同高程梯度下狗牙根的
根茎叶中的总氮含量情况

2. 总磷

通过将大宁河蹇家坝 A 点、蹇家坝 B 点、光明村 C 点、河口村 D 点、七里村 E 点和新春村 F 点的消落带狗牙根植物检测数据进行整合，分析比较大宁河消落带不同高程梯度下的狗牙根植物根、茎、叶中的总磷含量分布规律，结果如图 4 - 12 所示。

大宁河消落带在不同高程梯度下的狗牙根植物根、茎、叶中的总磷含量存在显著差异性（$F=2.578$，$P<0.05$），不同高程梯度下的狗牙根植物根中的总磷含量小于茎和叶中的总磷含量；不同高程的消落带狗牙根植物的根、茎、叶的平均总磷含量依次为 0.17%±0.01%（干重）、0.24%±0.02%（干重）、0.24%±0.03%（干重）。黄棕壤消落带和紫色土消落带狗牙根植物根、茎、叶中的总磷含量随高程梯度的变化不具有显著差异性。

3. 纤维素、半纤维素、木质素

通过将大宁河蹇家坝 A 点、蹇家坝 B 点、光明村 C 点、河口村 D 点、七里村 E 点和新春村 F 点的消落带狗牙根植物检测数据进行整合，分析比较大宁河消落带不同高程梯度

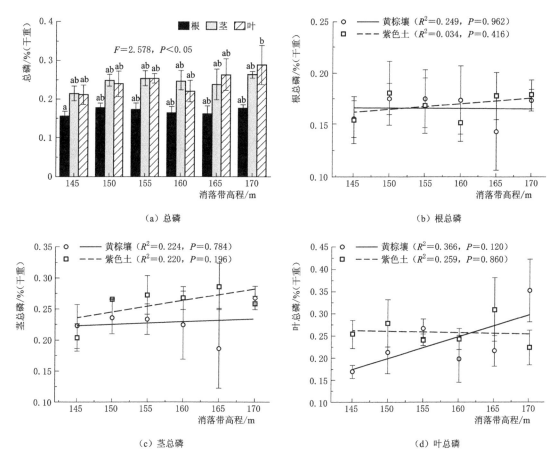

图 4-12 大宁河消落带在不同高程梯度下狗牙根的根茎叶中的总磷含量情况

下的狗牙根植物茎叶中的纤维素、半纤维素和木质素含量分布规律，结果如图 4-13 所示。

大宁河消落带不同高程梯度下的狗牙根植物茎叶中的纤维素（$F=2.031$，$P=0.106$）、半纤维素（$F=1.740$，$P=0.159$）、木质素（$F=1.297$，$P=0.295$）不存在显著差异性。不同高程的消落带狗牙根植物的茎叶的平均纤维素、半纤维素、木质素含量依次为 23.75%±1.21%（干重）、29.71%±1.11%（干重）、9.25%±0.66%（干重）。

纤维素在高程 170m 处达到最高值，为 27.47%±2.70%（干重），在高程 160m 处达到最低值，为 22.04%±0.28%（干重）；半纤维素在高程 150m 处达到最高值，为 31.84%±3.42%（干重），在高程 145m 处达到最低值，为 26.51%±1.03%（干重）；木质素在高程 145m 处达到最高值，为 10.55%±0.69%（干重），在高程 150m 处达到最低值，为 8.03%±1.16%（干重）。

黄棕壤消落带和紫色土消落带狗牙根植物茎叶中的纤维素和半纤维素随着高程的增加均不具有显著差异性。黄棕壤消落带狗牙根植物茎叶中的木质素在高程梯度变化下不具有显著差异性，但是紫色土消落带狗牙根植物茎叶中的木质素含量随着高程梯度的增加呈现显著降低趋势（$R^2=0.681$，$P<0.05$）。

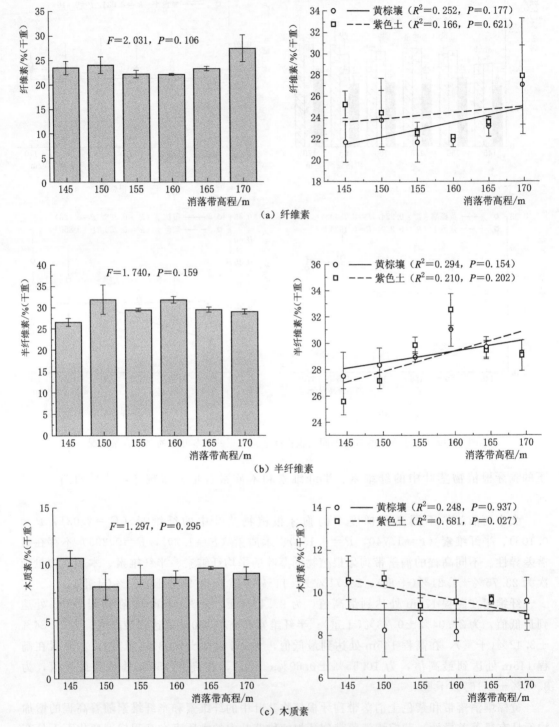

（a）纤维素

（b）半纤维素

（c）木质素

图 4-13　大宁河消落带在不同高程梯度下狗牙根的茎叶中的纤维素、
半纤维素和木质素的含量情况

如图 4-14 所示，狗牙根植物根中的总氮、总磷相对比例随着高程的增加呈现先增加后减少的趋势，茎中的总氮、总磷相对比例在高程梯度下变化不大，而叶中的总氮、总磷相对比例呈随着高程的增加而先减少后增加的趋势。因此随着高程的增加，叶中的总氮和总磷可能迁移到了根中。

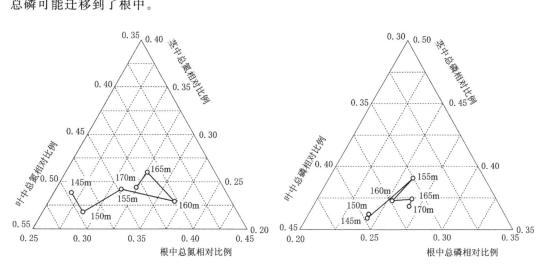

图 4-14　消落带在不同高程梯度下狗牙根的根茎叶中的总氮、总磷比例情况

4.4　本　章　小　结

根据野外调查监测及分析结果，三峡典型库区大宁河黄棕壤消落带和紫色土消落带在同样高程梯度下的狗牙根植物根、茎、叶中的总氮、总磷含量不存在显著差异，狗牙根植物茎叶中的纤维素、半纤维素和木质素的含量并无显著差异。

大宁河消落带在不同高程梯度下的狗牙根植物根、茎、叶中的总氮含量存在显著差异性（$F=6.236$，$P<0.001$），不同高程梯度下的狗牙根植物的总氮含量为叶＞根＞茎；不同高程的消落带狗牙根植物的叶、根、茎的平均总氮含量依次为 1.02%±0.13%（干重）、0.70%±0.39%（干重）、0.54%±0.05%（干重）；并且从高程 145m 至高程 170m 处，叶中的总氮含量呈现逐步减少的趋势，具有显著差异性，变化范围为 1.35%±0.09%（干重）到 0.78%±0.08%（干重）。

大宁河消落带在不同高程梯度下的狗牙根植物根、茎、叶中的总磷含量存在显著差异性（$F=2.578$，$P<0.05$），不同水位高程梯度下的狗牙根植物根中的总磷含量小于茎和叶中的总磷含量；不同水位高程的消落带狗牙根植物的根、茎、叶的平均总磷含量依次为 0.17%±0.01%（干重）、0.24%±0.02%（干重）、0.24%±0.03%（干重）。

大宁河消落带不同高程梯度下的狗牙根植物茎叶中的纤维素（$F=2.031$，$P=0.106$）、半纤维素（$F=1.740$，$P=0.159$）、木质素（$F=1.297$，$P=0.295$）不存在显著差异性。不同高程的消落带狗牙根植物的茎叶的平均纤维素、半纤维素、木质素含量依次为 23.75%±1.21%（干重）、29.71%±1.11%（干重）、9.25%±0.66%（干重）。

随着消落带高程的增加，狗牙根植物叶中的总氮和总磷可能迁移到了根中。

参 考 文 献

Barko J W, Gunnison D, Carpenter S R. 1991. Sediment interactions with submersed macrophyte growth and community dynamics [J]. Aquatic botany, 41 (1 - 3), 41 - 65.

Barrat - Segretain M H, Bornette G. 2000. Regeneration and colonization abilities of aquatic plant fragments: effect of disturbance seasonality [J]. Hydrobiologia 421: 31 - 39.

Bonan G B, Hartman M D, Parton W J, et al. 2013. Evaluating litter decomposition in earth system models with long - term litterbag experiments: an example using the Community Land Model version 4 (CLM4) [J]. Global change biology, 19 (3), 957 - 974.

Bornette G, Puijalon S. 2011. Response of aquatic plants to abiotic factors: a review [J]. Aquatic Sciences, 73 (1), 1 - 14.

Chen Y, Su X, Wang Y, et al. 2019. Short - term responses of denitrification to chlorothalonil in riparian sediments: Process, mechanism and implication [J]. Chemical Engineering Journal, 358, 1390 - 1398.

Ciais P, Sabine C, Bala G, et al. 2013. Carbon and other biogeochemical cycles: Climate change 2013: The physical science basis. Contribution of working group i to the fifth assessment report of the intergovernmental panel on climate change [R]. In: Climate Change 2013 Assessment Reports of IPCC, 5. Cambridge University Press.

Cooke G D, Welch E B, Peterson S A, et al. 2005. Restoration and Management of Lakes and Reservoirs [M]. 3rd ed. CRC Press.

Dai A. 2011. Drought under global warming: a review [J]. Wiley Interdisciplinary Reviews: Climate Change, 2 (1), 45 - 65.

Frey S D, Ollinger S, Nadelhoffer K, et al. 2014. Chronic nitrogen additions suppress decomposition and sequester soil carbon in temperate forests [J]. Biogeochemistry 121, 305 - 316.

Galloway J, Townsend A, Erisman J, et al. 2008. Transformation of the nitrogen cycle: recent trends, questions, and potential solutions [J]. Science, 320, 889.

Galloway J N, Dentener F J, Capone D G, et al. 2004. Nitrogen cycles: Past, present, and future [J]. Biogeochemistry 70, 153 - 226.

Gunkel G, Sobral M. 2013. Re - oligotrophication as a challenge for tropical reservoir management with reference to Itaparica Reservoir, São Francisco, Brazil [J]. Water science and technology, 67 (4), 708 - 714.

Hirabayashi Y, Kanae S, Emori S, et al. 2008. Global projections of changing risks of floods and droughts in a changing climate [J]. Hydrological sciences journal, 53 (4), 754 - 772.

Jonczak J. 2013. Dynamics, structure and properties of plant Litterfall in a 120 - year old beech stand in Middle Pomerania between 2007 - 2010 [J]. Soil Science Annual, 64 (1), 8 - 13.

Kanakidou M, Myriokefalitakis S, Daskalakis N, et al. 2016. Past, present and future atmospheric nitrogen deposition [J]. Journal of the Atmospheric Sciences, 73 (5), 2039 - 2047.

Keitel J, Zak D, Hupfer M. 2016. Water level fluctuations in a tropical reservoir: the impact of sediment drying, aquatic macrophyte dieback, and oxygen availability on phosphorus mobilization [J]. Environmental Science and Pollution Research, 23 (7), 6883 - 6894.

Kim H, Bae H S, Reddy K R, et al. 2016. Distributions, abundances and activities of microbes associated with the nitrogen cycle in riparian and stream sediments of a river tributary [J]. Water Research, 106,

51 - 61.

Li C H, Wang B, Ye C, et al. 2014. The release of nitrogen and phosphorus during the decomposition process of submerged macrophyte (Hydrilla verticillata Royle) with different biomass levels [J]. Ecological engineering, 70, 268 - 274.

Lin J, Tang Y, Liu D, et al. 2019. Characteristics of organic nitrogen fractions in sediments of the water level fluctuation zone in the tributary of the Yangtze River [J]. Science of The Total Environment, 653, 327 - 333.

Liu G H, Li W, Zhou J, et al. 2006. How does the propagule bank contribute to cyclic vegetation change in a lakeshore marsh with seasonal drawdown? [J]. Aquatic Botany, 84 (2), 137 - 143.

Lovett G M, Arthur M A, Weathers K C, et al. 2013. Nitrogen addition increases carbon storage in soils, but not in trees, in an eastern U. S. deciduous forest [J]. Ecosystems, 16, 980 - 1001.

Lu J, Bunn S E, Burford M A. 2018. Nutrient release and uptake by littoral macrophytes during water level fluctuations [J]. Science of the Total Environment, 622, 29 - 40.

Lu J, Faggotter S J, Bunn S E, et al. 2017. Macrophyte beds in a subtropical reservoir shifted from a nutrient sink to a source after drying then rewetting [J]. Freshwater Biology, 62 (5), 854 - 867.

Luo Y, Chen H Y, Ruan H. 2018. Responses of litter decomposition and nutrient release to N addition: A meta - analysis of terrestrial ecosystems [J]. Applied Soil Ecology, 128, 35 - 42.

Madsen T V, Cedergreen N. 2002. Sources of nutrients to rooted submerged macrophytes growing in a nutrient - rich stream [J]. Freshwater Biology, 47 (2), 283 - 291.

Magill A H, Aber J D. 2000. Dissolved organic carbon and nitrogen relationships in forest litter as affected by nitrogen deposition [J]. Soil Biology and Biochemistry, 32, 603 - 613.

McClain M E, Boyer E W, Dent C L, et al. 2003. Biogeochemical hot spots and hot moments at the interface of terrestrial and aquatic ecosystems [J]. Ecosystems, 6 (4), 301 - 312.

Scheffer M, Hosper S H, Meijer M L, et al. 1993. Alternative equilibria in shallow lakes [J]. Trends in ecology & evolution, 8 (8), 275 - 279.

Søndergaard M, Moss B. 1998. Impact of submerged macrophytes on phytoplankton in shallow freshwater lakes. In: Jeppesen, E., Søndergaard, M., Søndergaard, M., Christoffersen, K. (Eds.), The Structuring Role of Submerged Macrophytes in Lakes [M]. Springer, New York, pp. 115 - 124.

Wantzen K M, Rothhaupt K O, Mörtl M, et al. 2008. Ecological effects of water - level fluctuations in lakes: an urgent issue. In Ecological effects of water - level fluctuations in lakes (pp. 1 - 4) [M]. Springer, Dordrecht.

Xiong Z Q, Guo L D, Zhang Q F, et al. 2017. Edaphic conditions regulate denitrifcation directly and indirectly by altering denitrifer abundance in wetlands along the Han River, China [J]. Environmental science & technology. 51, 5483 - 5491.

Yuan Z Y, Chen H Y. 2015. Decoupling of nitrogen and phosphorus in terrestrial plants associated with global changes [J]. Nature Climate Change, 5, 465 - 469.

Zak D R, Holmes W E, Burton A J, et al. 2008. Simulated atmospheric NO_3 - deposition increases soil organic matter by slowing decomposition [J]. Ecological Applications, 18, 2016 - 2027.

Zhu G, Wang S, Wang W, et al. 2013. Hotspots of anaerobic ammonium oxidation at land - freshwater interfaces [J]. Nature Geoscience, 6 (2), 103 - 107.

第 5 章　三峡消落带典型植物狗牙根内生固氮菌群落多样性

水利水电工程极大地改变了流域生态环境格局和氮循环过程。水库消落带是人为调节蓄水位形成的全新的生态系统，是流域环境中最重要的生态过渡带，具有生态脆弱、气候敏感、物质循环和生态演化过程复杂等特点（李姗泽等，2019）。三峡水库采用"冬蓄夏泄"调水运行方式。水库正常蓄水位 175m，汛期防汛限水位 145m，水位落差高达 30m，形成面积约 302km^2 的涨落带（2020 年三峡工程公告），也是中国最大的水库消落带。三峡库区研究表明，消落带植物已从过去的 200 余种退化为现在以营养根繁殖为主的狗牙根、牛鞭草等草本植物群落，形成逆向演替消落带植物群落分布。

氮是所有生物的重要组成部分，也是地球上限制生命的主要营养物质。植物与微生物的相互作用是河岸带氮迁移转化的重要驱动力。天然河流、湖泊、滩涂湿地等生态系统中氮的迁移、转化和循环过程主要由微生物完成。有研究表明，微生物反硝化可以从河岸生态系统中以 N_2 的形式永久去除多余的氮，约占河岸硝酸盐（NO_3-N）损失总量的 82％。此外，研究指出，一些植物中超过 70％的氮来自植物-微生物的固氮作用。近年来，已从许多非豆科植物的根际土壤或（校园草坪中的狗牙根）根茎中分离出多种固氮细菌（刘天增等，2014）。植物内生固氮细菌可以通过根尖、侧根、维管系统、天然孔口和伤口侵入植物（钱进，2020）。由于植物组织内部比外部根土更有优势，因此在提供养分、与病原菌争夺养分和空间、分泌植物生长激素等方面的优势尤为突出，因此更容易形成高效的固氮作用。

植物群落组成的变化会改变微生物群落，进而影响流域范围内的氮保留或损失。长期洪水导致河岸区土壤氮淋失严重。狗牙根（*Cyndon dactylon*）是一种多年生禾本科植物，具有显著的抗洪涝和抗旱能力。在缺氮条件下，消落带植物抗逆生存策略是否具有特殊的氮素利用增强和氮素补偿机制尚缺乏研究数据的有效验证。

因此，本研究在前人工作的基础上提出了一个科学假设：三峡水库涨落带植物群落的反向演替可能形成一种"额外"的氮利用机制，以补偿因长期干湿交替造成的土壤氮淋失。为了验证这一科学假设，本研究选择了三峡水库大宁河不同河岸带的优势植物狗牙根进行了相关研究：①三峡水库河岸带的狗牙根是否存在内生固氮菌？②固氮菌的多样性、丰度和群落结构的时空分布是否存在差异？③固氮菌与环境因素有什么关系？

5.1 样点布设、采样与方法

5.1.1 样品采集处理

本研究选取巫山县大宁河流域消落带为研究样地。大宁河位于重庆市巫溪县和巫山县，其长度和流域面积分别为 202km 和 4416km²，该地区属于亚热带季风气候，平均年降水量 1000mm 以上，年均气温 19.8℃。大宁河冬季蓄水，水位可达到 175m，而夏季放水，水位低至 145m，在一年内形成 30m 的水位差。大宁河是三峡水库重要的入库支流。大宁河流域在三峡大坝建成蓄水后，使得当地形成一个面积约为 15.3km²，长度为 49.6km 的消落区。生长于大宁河消落带的优势植物是狗牙根、苍耳、狗尾草等一年生草本植物。三峡库区支流消落带面积较大，占消落带总面积的 50% 以上。其中，澎溪河、大宁河和汤溪河分别是三条消落带面积最大的支流（叶飞，2018）。综上所述，大宁河流域岸边带是三峡库区典型的消落带系统。

通过实地调查发现，大宁河于大昌镇形成一个天然的峡谷型水库，从水库出口至三峡干流入河口，大宁河沿流程分为三段，分别为上段（upper section，U）、中段（middle section，M）和下段（lower section，L）。

大宁河流域 7 月平均气温 26.2℃，降水总量 177.4mm，8 月平均气温 25.3℃，降水总量 240.9mm。为探明狗牙根内生固氮菌在高程梯度以及生长时间分布上的差异，又由于 6 月消落带刚出露，狗牙根植物还未生长旺盛，而 9 月消落带被淹没，因此分别在三个狗牙根均大量生长的高度（170m、160m、150m），以及于 7 月 1 日、8 月 13 日于大宁河三个流程段 U、M、L 三个地点采集岸边样品。于大宁河水位 170m、160m、150m 处分别选取狗牙根生长集中的位置。分别设置 3 个面积为 1m×1m 的样方，每个样方间隔 10m。要求确保选择样方内研究植物盖度大于 85%，且取样土壤均为黄壤。

每个采样样方内采用梅花型布点设置 5 个（15cm×15cm×10cm）重复取样土块（取样深度为 0~5cm），挖取具有完整根系的狗牙根植株，以及植株对应的土壤部分，在冰盒中运回室内，并及时按根茎叶组织分装，保存于 -80℃ 冰箱中。

5.1.2 土壤理化指标分析

氨态氮（$NH_4^+ - N$），亚硝态氮（$NO_2^- - N$）和硝态氮（$NO_3^- - N$）通过 2M KCl 溶液以 1∶5(w/v) 浸提，并将浸提液通过 $0.45\mu m$ 的滤膜，最后使用流动分析仪（San++，SKALAR，Netherlands）测定。总碳（TC）和总氮（TN）用元素分析仪（Euro Vector EA3000）测定。总磷（TP）采用钼蓝分光光度法测定。土壤有机质（SOM）通过外加热—重铬酸钾消解法测定。pH 在 Delta 320 pH 分析仪（Mettler Toledo，Columbus，OH，USA），在 1∶2.5(w/v) 悬浮液中测定。含水率通过在 105℃ 烘箱干燥 5g 新鲜土壤直至实现恒定重量来测量。

5.1.3 基因组 DNA 提取

首先对狗牙根的根、茎、叶植物组织进行表面消毒，步骤如下：采用 5% 次氯酸钠消毒 1min，无菌水冲洗 3 次，再用 75％酒精消毒 1min，无菌水冲洗 3 次。取最后一次的冲洗液涂布在 TY 固体培养基上作为对照，以检验表面是否彻底消毒。

将表面消毒后的植物组织研磨成匀浆，使用一步法植物基因组 DNA 提取试剂盒 Plant DNA Kit（HYCEZMBIO，武汉）提取植物组织总基因组 DNA，操作步骤按其说明书进行。使用超微分光光度计（NanoPhotometer - N60，IMPLEN，Germany）检查提取的 DNA 样品的纯度和浓度。取 5μL 已提取的 DNA 溶液与 1μL Sybergreen I loading buffer 混匀后，用 1.2‰琼脂凝胶电泳检测，并用 DNA 分子量标准 Marker DL2000 一同检测。电泳时电压为 80V，时间 30min。在紫外灯下观察琼脂糖凝胶上的条带，检验提取的 DNA 是否合格。

5.1.4　内生固氮菌 $nifH$ 基因 PCR 扩增和高通量测序

以提取的植物基因组 DNA 为模板，PCR 扩增选择长度为 360 bp 作为固氮功能基因 $nifH$ 的扩增片段，其中引物序列选用 Pol - F(Primer F)：5′- TGCGAYCC - SAARGCB-GACTC - 3′；Pol - R（Primer R）：5′- ATSGCCATCATYTCRCCGGA - 3′（Poly et al 2001）。PCR 反应体系（25μL）：Q5 high - fidelity DNA 聚合酶 0.25μL；5 × High GC Buffer 5μL，5 × Reaction Buffer 5μL，10mmol/L dNTPs 2μL，正向引物（10μmol/L）1μL，反向引物（10μmol/L）1μL，模板 DNA 2μL，dd H$_2$O 8.75μL。PCR 反应程序为：98℃ 30s；98℃ 15s，50℃ 30s，72℃ 30s，25～27 个循环；72℃ 5min。扩增结果进行 2‰琼脂糖凝胶电泳，切取目的片段然后用 AxyPrep DNA 凝胶回收试剂盒切胶回收 PCR 产物，PCR 产物用 Quanti - Fluor™ - ST 蓝色荧光定量系统进行检测定量，随后交由武汉派森诺生物医药科技有限公司使用 Illumina Miseq 测序平台进行序列测定。

5.1.5　荧光定量 PCR

为定量分析每个样品内 $nifH$ 基因的丰度，使用实时荧光定量 PCR(q - PCR）的方法测量每个样品中 $nifH$ 基因的拷贝数。向北京擎科生物科技有限公司购买所需质粒，使用 ddH$_2$O 将已知拷贝数的质粒 DNA 梯度稀释 10 倍，分别得到 10^{-1}、10^{-2}、10^{-3}、10^{-4}、10^{-5}、10^{-6}、10^{-7}、10^{-8}，共 8 个标准样品进行定量扩增，从而得到标准曲线，每个梯度做 4～6 组平行，根据扩增曲线删去扩增不理想的数据，同时每次扩增设置由 ddH$_2$O 代替模板 DNA 的阴性对照组。

采用实时荧光定量 PCR 的方法在 QuantStudio TM 6 Flex 定量 PCR 仪（Thermo Fisher Scientific，Singapore）上测定植物内生固氮菌 $nifH$ 基因拷贝数，每个样本三个平行。每个样品的定量基于荧光染料 SYBR Green I，其在 PCR 扩增期间与双链 DNA 结合。定量 PCR 反应在 10μL 体积中进行，其中引物选用 Pol - F(Primer F)：5′- TGCGAYCC - SAARGCBGACTC - 3′；Pol - R（Primer R）：5′- ATSGCCATCATYTCRCCGGA - 3′（Poly et al 2001）。扩增条件为：95℃ 1min；95℃ 10s，52℃ 20s，72℃ 30s，40 个循环。使用 QuantStudioTM Real - Time PCR 软件（Version 1.2）来分析 q - PCR 测定的标准曲线及生成的数据。要求扩增效率应在 80％～120％之间，溶解曲线应为单一峰，标准曲线系数大于 0.99。

5.1.6 测序结果的生物信息学处理

由 Illumina Miseq 测序得到的双端序列数据，首先根据 PE reads 之间的 overlap 关系，将成对的 reads 拼接成一条序列，同时对 reads 的质量和拼接的效果进行质控过滤，根据序列首尾两端的 barcode 和引物序列区分样品得到有效序列，并校正序列方向，即为优化数据。然后对样本中的有效数据在 97% 水平上进行 OTU 聚类分析，基于 OTU 聚类分析结果，可以对 OTU 进行多种多样性指数分析，以及测序深度的检测；基于分类学信息，可以在各个分类水平上进行群落结构的统计分析。在上述分析的基础上可以对多样本的群落组成和系统发育信息进行多元分析和差异显著性检验等一系列深入的统计学和可视化分析。高通量测序数据处理与分析由武汉派森诺生物医药科技有限公司完成。

5.1.7 统计分析

Spearman 的相关性分析用于评估植物内生固氮菌与环境因素之间的关联。通过独立样品 T 检验以评估组之间的差异。进行主坐标分析（PCoA）将群体中 $nifH$ 基因多样性的多维分布可视化。计算相似性分析（ANOSIM）测试以确定采样组（海拔，采样时间）之间是否存在显著差异。所有分析都使用 SPSS 版本 16.0 软件（SPSS Inc.，Chicago，IL，USA）进行，其中 $P < 0.05$ 被认为是统计具有显著性差异。冗余分析（RDA）用 Canoco 版本 5.0 进行。

5.2 研 究 结 果

5.2.1 土壤理化指标

1. 消落带土壤性质在 7 月、8 月采样时间之间的差异

通过对 7 月、8 月采样土壤的均值比较发现，在 $NH_4^+ - N$、$NO_3^- - N$、TP 以及含水率（Moisture）这四个土壤理化指标中，具有突出的显著性差异（图 5-1、图 5-2）。对于 $NH_4^+ - N$ 指标，7 月采样样品的变化范围为 3.77～12.02mg/kg，8 月采集样品的范围是 3.22～6.56mg/kg，7 月的变化幅度更大，同时均值也大于 8 月，两个月份之间差异性较为显著（$P < 0.01$）。对比不同采样点及海拔，发现 7 月样品的 $NH_4^+ - N$ 均大于 8 月。$NO_3—N$ 的变化趋势和 $NH_4^+ - N$ 类似。7 月的变化幅度与均值大于 8 月，其范围分别处于 3.77～25.72mg/kg 和 1.36～6.68mg/kg 之中，具有较为显著的差异性（$P < 0.01$）[图 5-1（b）]。对比不同采样点和采样海拔的差异，发现在所有采样点当中，7 月样品的均值均大于 8 月样品，尤其是大宁河流程段的下段（L）部分，三个海拔上 $NO_3^- - N$ 含量的差异特别明显 [图 5-2（b）]。相较之下，$NO_2^- - N$ 在 7 月与 8 月之间的变化与差异并不显著 [图 5-1（c）]，对比不同采样点与海拔梯度的均值，月份之间的差异没有普遍的规律 [图 5-2（c）]。同样的，可以发现 TN 在月份之间表现出与 $NO_2^- - N$ 同样的状况，7 月（0.33～1.38g/kg）与 8 月（0.45～1.28g/kg）的差异并不显著 [图 5-1（d）]，并且采样时间在不同的采样点之间没有相似的对比趋势 [图 5-2（d）]。

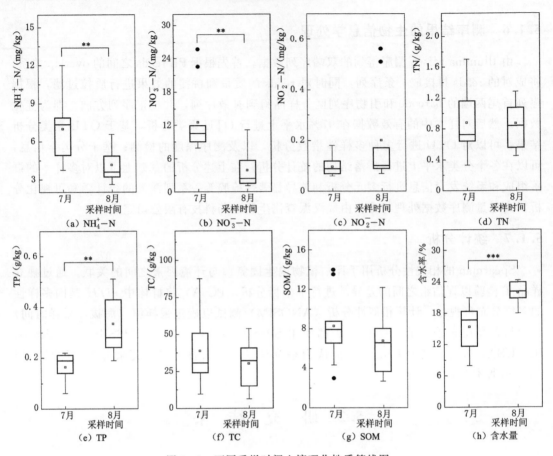

（a）NH₄⁺-N　　（b）NO₃⁻-N　　（c）NO₂⁻-N　　（d）TN

（e）TP　　（f）TC　　（g）SOM　　（h）含水量

图 5-1　不同采样时间土壤理化性质箱线图

其中＊＊＊、＊＊、＊ 分别表示 $P<0.001$、$P<0.01$、$P<0.05$

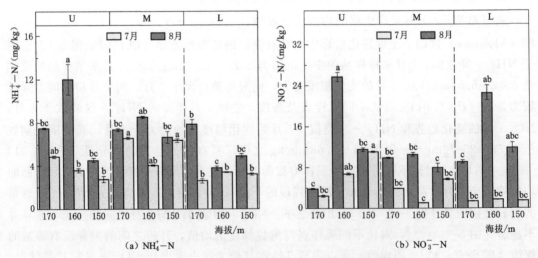

（a）NH₄⁺-N　　　　　　　　　　（b）NO₃⁻-N

图 5-2（一）　不同采样点在不同高度土壤理化性质

不同的字母表示同一采样时间内各采样点样品之间的显著差异（$P<0.05$）

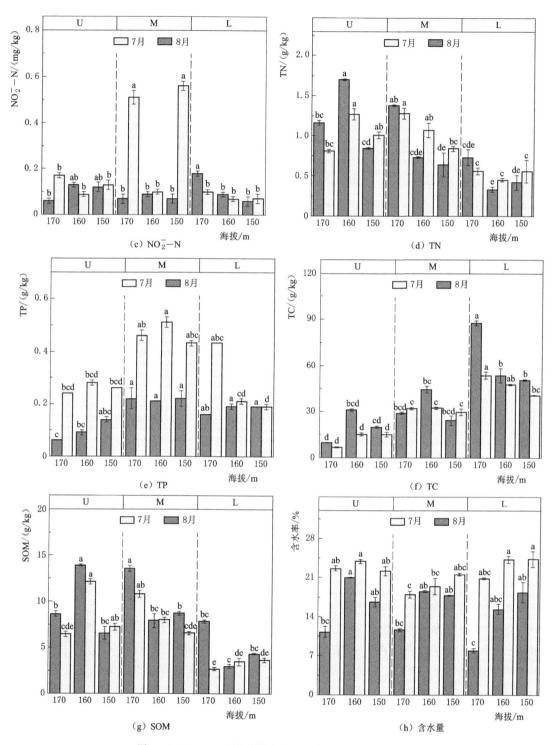

图 5-2（二）　不同采样点在不同高度土壤理化性质

不同的字母表示同一采样时间内各采样点样品之间的显著差异（$P < 0.05$）

此外，对比两个月之间 TP 的差异，可以看出，8 月（0.19～0.51g/kg）样品的均值和变化幅度均大于 7 月（0.06～0.22g/kg），其间差异性较为显著（$P<0.01$）［图 5-1 (e)］。这种差异也在不同采样点上得以体现，即每个采样点 8 月 TP 的含量均大于 7 月［图 5-2 (e)］。TC 和土壤有机质（SOM）在 7 月和 8 月之间的变化不明显［图 5-1 (f)、(g)］，均值和采样点之间的波动范围都较为接近。但是总的来说，各采样点 7 月 TC、SOM 的含量均略大于 8 月［图 5-2 (f)、(g)］。最后，对于含水率指标，其在采样时间上的差异最为明显（$P<0.001$）［图 5-2 (h)］，7 月的含水率范围在 7.95%～20.91% 之间，8 月的含水率区间是 19.4%～24.32%。对比不同采样时间中样品的含水率指标，明显发现 8 月样品含水率均大于 7 月［图 5-2 (h)］。

2. 消落带土壤性质在海拔梯度之间的差异

根据图 5-2 可知，不同的理化指标在 U、M、L 三个采样点和 170m、160m、150m 的海拔高度上呈现出一定的差异。首先，随着海拔梯度的下降，NH_4^+-N 含量呈现整体下降的趋势，而 160m 海拔处的差异体现了其含量变化具有一定不确定性。7 月时，U、M 采样点 160m 处 NH_4^+-N 含量大于 170m，形成先上升后下降的趋势，而 L 采样点则小于 170m，形成先下降后上升的趋势；8 月时，U 采样点随梯度下降，M 采样点先下降后上升［图 5-2 (a)］。其次，对于 NO_3^--N 的含量，整体随海拔梯度下降而上升。采样时间仍表现差异，7 月各采样点 160m 海拔的 NO_3^--N 含量均大于 170m 和 150m。8 月 L 采样点 NO_3^--N 含量在海拔梯度上的变化不明显，均值较为接近［图 5-2 (b)］。总的来说，NO_2^--N 含量会随海拔梯度的下降而减少，尤其是 L 采样点尤为典型［图 5-2 (c)］。然后，指标 TN 所表现的趋势和 NO_2^--N 一致。在 U、L 采样点中，160m 海拔处异常的 TN 含量导致整体变化趋势分别呈现随海拔梯度的下降先增加后减少以及先减少后增加的趋势，只有 M 采样点 TN 的变化和海拔梯度的变化呈现正相关［图 5-2 (d)］。基于本研究结果可以得到，TP 在海拔之间的变化幅度较小，含量较为稳定［图 5-2 (e)］。此外，U 采样点和 M、L 采样点的 TC 含量表现出了相反的变化趋势，整体分别为随海拔梯度上升而增加及随海拔高度上升而减少［图 5-2 (f)］。之后，各采样点 SOM 含量整体沿海拔梯度呈下降趋势［图 5-2 (g)］。最后，含水率指标与海拔梯度表现为负相关，即随海拔梯度的下降而增加［图 5-2 (h)］。

5.2.2　狗牙根植物组织 $nifH$ 基因丰度

1. 狗牙根植物组织间 $nifH$ 基因丰度

三峡水库岸边典型植物狗牙根不同植物部分内固氮菌 $nifH$ 基因的丰度如图 5-3 和图 5-4 所示。$nifH$ 基因在各采样点的叶（leaves）、茎（stems）和根（roots）植物组织中均能检测到。总的来说，$nifH$ 基因在三种不同植物组织之间的差异是十分显著的，对于 7 月样品，其在植物叶、茎和根中的丰度范围分别是 $9.35\times10^5\sim5.53\times10^6$copies/g、$9.54\times10^5\sim4.75\times10^6$copies/g、$1.70\times10^6\sim6.92\times10^6$copies/g。由图 5-3 可以看出，叶 $nifH$ 基因大于根，而根则大于茎，其丰度在叶和茎之间存在显著的差异性（$P<0.001$），同时茎和根之间也存在显著的差异性（$P<0.01$）。同样的，8 月样品植物组织中 $nifH$ 基因的丰度和 7 月表现出相似的规律。其丰度在叶和茎之间差异显著（$P<0.001$），

叶和根之间也存在显著的差异（$P<0.01$），另外相同的差异也体现在茎和根之间（$P<0.01$）。基于图 5 - 3 的结果，$nifH$ 基因丰度在叶、根和茎组织间逐渐下降，其丰度范围分别为 $2.36\times10^6\sim5.20\times10^7\,copies/g$、$1.72\times10^6\sim2.81\times10^7\,copies/g$ 和 $7.23\times10^5\sim1.81\times10^7\,copies/g$。对比 7 月和 8 月样品中 $nifH$ 基因的丰度可以发现，8 月样品固氮菌 $nifH$ 基因在叶、根和茎植物组织样品中均明显大于 7 月，均在两个采样时间上表现出十分显著的差异性（$P<0.001$）（图 5 - 4）。

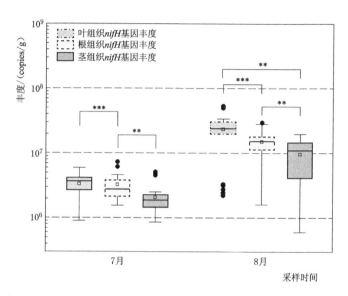

图 5 - 3　7 月和 8 月狗牙根叶、茎和根组织中固氮菌 $nifH$ 基因丰度

（"＊＊＊"和"＊＊"分别表示在 0.001 和 0.01 的水平上显著不同）

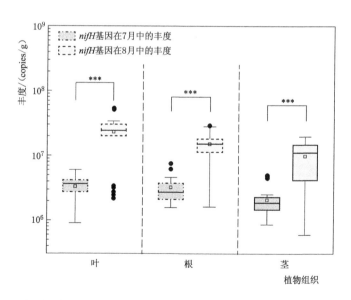

图 5 - 4　狗牙根叶、茎和根植物组织中固氮菌 $nifH$ 基因在 7 月和 8 月中的丰度

（"＊＊＊"表示在 0.001 的水平上显著不同）

2. 狗牙根植物组织 $nifH$ 基因丰度在海拔梯度上的结果分析

根据图 5-5 可以发现，一般来说，固氮菌 $nifH$ 基因在狗牙根茎中的丰度均小于叶和根。三种植物组织中的 $nifH$ 基因丰度在整体上均随着海拔梯度的下降而增加，对于叶来说，8 月各采样点之间 $nifH$ 基因丰度严格遵循海拔梯度与其正相关的变化趋势，其丰度于 L 采样点的 150m 海拔达到最大 [图 5-5（b）]。7 月叶组织 $nifH$ 基因丰度的变化与 8 月存在略微差异，U 采样点和 L 采样点在 160m 海拔处表现出最高的丰度，丰度呈现先上升后下降的趋势。而 M 采样点在 160m 海拔处表现出最低的丰度，丰度呈现先下降后上升的趋势。但在这之中十分统一的是 150m $nifH$ 基因丰度均大于 170m [图 5-5（a）]。茎组织 $nifH$ 基因丰度于海拔梯度上的变化在采样时间和采样点之间存在一定差异，7 月 U、M 采样点具有相同的变化规律，其丰度随着海拔梯度下降而升高，但 L 采样点却表现出

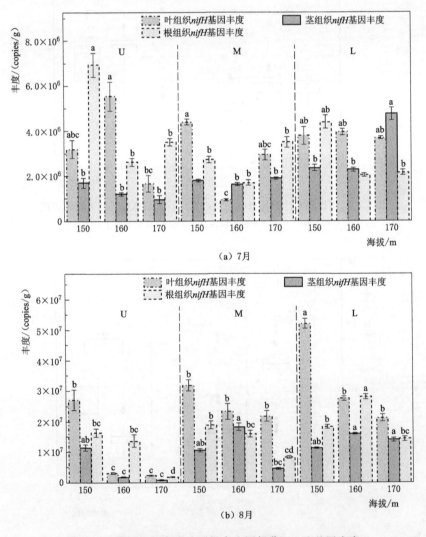

图 5-5　不同海拔高度狗牙根内生固氮菌 $nifH$ 基因丰度

（同一狗牙根组织的不同字母表示样品之间的显著差异，$P<0.05$，Duncan's 检验）

相反的趋势［图 5-5（a）］。8 月样品中，U 采样点茎组织 $nifH$ 基因丰度在海拔梯度上的变化同 7 月 U 采样点一致。M 采样点从 150m 到 170m 先增加后减少，150m $nifH$ 基因丰度大于 170m。对于 L 采样点的 $nifH$ 基因丰度，同 M 采样点一样，先增加后减少，但是 150m 的基因丰度略小于 170m［图 5-5（b）］。根组织 $nifH$ 基因的变化幅度类似于叶，整体波动较大。总的来说，随着海拔梯度下降，根组织的固氮菌功能基因丰度则增加，特别是 8 月 U、M 采样点的样品。与叶组织相同，在海拔高度 160m 处，仍然对根组织 $nifH$ 基因丰度的变化趋势产生一定的影响。

5.2.3 内生固氮菌丰度与环境因子的相关性

采用 RDA 分析的方法对不同采样点狗牙根内生固氮菌 $nifH$ 基因丰度和环境因子之间进行比较，使用 Canoco 5.0 软件绘制出环境因子相关性的 RDA 图（图 5-6）。由图 5-6 可知，RDA 图的前两个轴共解释了 82.24％的方差。7 月和 8 月的样点大体上能分别聚到一起，表现出一定的分布特性。叶组织 $nifH$ 基因丰度和根组织 $nifH$ 基因丰度呈强正相关关系，同时，茎组织 $nifH$ 基因丰度也与叶和根组织表现出相对偏弱的正相关关系。叶组织 $nifH$ 基因丰度和根组织 $nifH$ 基因丰度与含水率、pH、TP、$NO_2^- - N$ 存在正相关关系；和土壤理化指标 $NO_3^- - N$、$NH_4^+ - N$、TN、SOM、C：P、N：P 呈现负相关关系；此外，其与 TC、C：N 两个指标的相关性并不强烈。对于茎组织 $nifH$ 基因丰度，研究发现 pH、TP、TC、C：N、含水率等土壤理化指标与其存在正相关关系；相应的，$NO_3^- - N$、$NH_4^+ - N$、TN、SOM、C：P、N：P 等理化指标与其基因丰度具有负相关关系；除此之外，$NO_2^- - N$ 含量对茎组织 $nifH$ 基因丰度的影响不大，体现出较弱的相关性（图 5-6）。

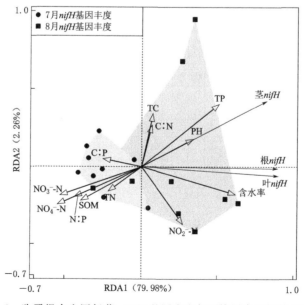

图 5-6　狗牙根内生固氮菌 $nifH$ 基因丰度与环境因素之间的 RDA 图

　　除此之外，本研究使用 R studio 软件通过计算构建 Spearman 相关性矩阵，有针对性地分析了狗牙根植物 $nifH$ 基因丰度和环境因素之间的相关性关系，如图 5-7 所示，狗牙根叶 $nifH$ 基因丰度与茎 $nifH$ 基因丰度（Spearman's $r=0.794$，$P<0.001$）、根 $nifH$ 基因丰度（Spearman's $r=0.771$，$P<0.001$）表现出显著的强正相关关系，同时狗牙根茎 $nifH$ 基因丰度与根 $nifH$ 基因丰度（Spearman's $r=0.728$，$P<0.001$）之间也表现出同样的强正相关关系。值得注意的是，叶组织 $nifH$ 基因丰度和含水率（Spearman's $r=0.505$，$P<0.05$）呈显著的正相关。另外，茎组织 $nifH$ 基因丰度与 $NH_4^+ - N$（Spearman's $r=-0.587$，$P<0.05$）、$NO_3^- - N$（Spearman's $r=-0.422$，$P<0.05$）存在显著的负相关；且与 TP（Spearman's $r=0.458$，$P<0.01$）表现出较为显著的正相关。最后，基于图 5-7，根组织 $nifH$ 基因丰度在 $NH_4^+ - N$（Spearman's $r=-0.643$，$P<0.05$）、$NO_3^- - N$（Spearman's $r=-0.494$，$P<0.05$）两个指标中表现出与茎一样的负相关，相反，与含水率（Spearman's $r=0.542$，$P<0.05$）表现出较为显著的正相关。

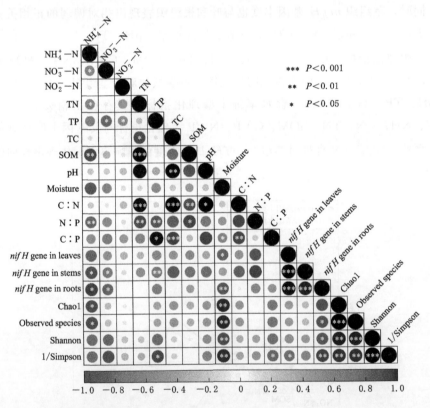

图 5-7　狗牙根植物组织 $nifH$ 基因丰度与环境因素之间的 Spearman 相关性分析图

5.2.4　内生固氮菌群落组成和多样性

　　在 54 个狗牙根植物样品中，共获得 2153358 条序列，按照 95% 的相似度，可将其聚为 3370 个 OTUs，根据高通量测序结果，所有 OTUs 可分为 8 门、27 目和 77 属。各样品中固氮菌 $nifH$ 基因的覆盖度（Good's coverage）均大于 99.5%，表示狗牙根样品的测序深度均达到 99.5% 以上，说明该测序结果能够反映狗牙根叶、茎和根植物样品中内生固氮菌的真实情况。分别在门（phylum）水平和属（genus）水平对 7 月及 8 月样品固氮菌群落的相对丰度进行分析，结果如图 5-8、图 5-9 所示。

7 月样品固氮菌在门水平上的分布如图 5-8（a）所示，变形菌门（*Proteobacteria*）是主要的门类型，其在不同样品间的相对丰度范围为 50.86%～99.61%，是占据绝对优势的群类。其次是放线菌门（*Actinobacteria*）和厚壁菌门（*Firmicutes*），在样品间分别占有 0.05%～17.81% 和 0.02%～31.40%。这两种固氮菌群落在样品间的分布较不均匀，可以发现，在狗牙根植物根组织中，放线菌门（*Actinobacteria*）的相对丰度普遍大于叶和茎组织，而厚壁菌门（*Firmicutes*）也在狗牙根植物茎和根组织中有更为广泛的分布。在所有 77 个固氮菌属当中，本研究选取了平均丰度大于 1% 的 15 个菌属，构建了菌属堆叠图，如图 5-8（b）所示。在大部分样品中，*Burkholderia* 为优势菌属，样品间的平均丰度可达 56.20%，而样品内的相对丰度范围在 0.90%～92.58% 内波动。对比 *Burkholderia* 在不同的植物组织内的相对丰度发现，根组织中该菌属相对较少，并不是最主要的优

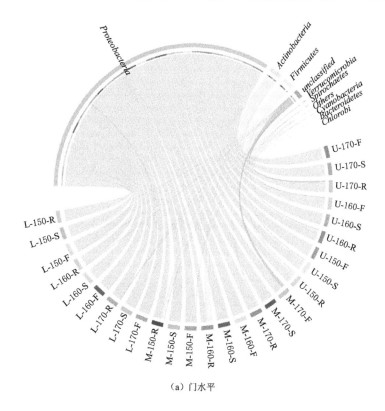

（a）门水平

图 5-8（一）　7 月狗牙根样品内生固氮菌在门水平和属水平的相对丰度

[横坐标标签的含义是："采样点（U、M、L）"-"采样海拔（170m、160m、150m）"-"植物组织（F-叶、S-茎、R-根）"]

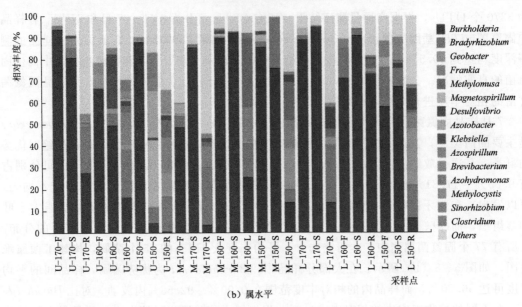

(b) 属水平

图 5-8（二）　7 月狗牙根样品内生固氮菌在门水平和属水平的相对丰度

［横坐标标签的含义是：“采样点（U、M、L）”-“采样海拔（170m、160m、
150m）”-“植物组织（F-叶、S-茎、R-根）”］

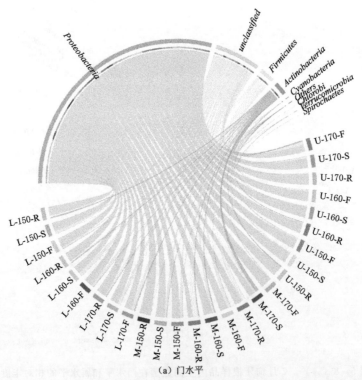

(a) 门水平

图 5-9（一）　8 月狗牙根样品内生固氮菌在门水平和属水平的相对丰度

［横坐标标签的含义是：“采样点（U、M、L）”-“采样海拔（170m、160m、
150m）”-“植物组织（F-叶、S-茎、R-根）”］

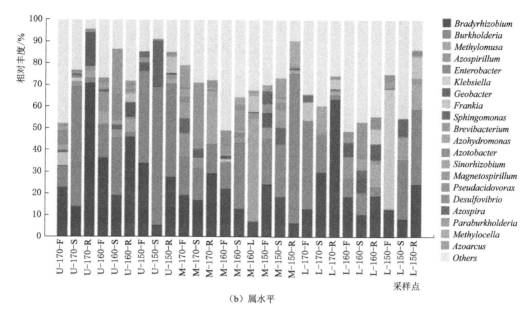

图 5-9（二）　8 月狗牙根样品内生固氮菌在门水平和属水平的相对丰度

[横坐标标签的含义是："采样点（U、M、L）"-"采样海拔（170m、160m、

150m）"-"植物组织（F-叶、S-茎、R-根）"]

势菌属。其次，*Bradyrhizobium*（0.34%～22.51%）、*Geobacter*（0.02%～26.19%）和
Frankia（0.04%～16.56%）均能在样品间广泛发现。

　　8 月样品门水平的固氮菌分布如图 5-9（a）所示，与 7 月样品类似，变形菌门（*Pro-
teobacteria*）是主要的固氮菌类型，其在不同样品间的相对丰度范围为 42.20%～96.46%，
是占据绝对优势的群类。但是 8 月样品中，未分类的细菌所占比例（0.61%～30.20%）远高
于 7 月样品。其次厚壁菌门（*Firmicutes*）（0.02%～12.65%）和放线菌门（*Actinobacteria*）
（0.04%～30.52%）为第三和第四丰富的类群。与 7 月样品类似，厚壁菌门（*Firmicutes*）和
放线菌门（*Actinobacteria*）在狗牙根植物茎和根组织中的分布较为广泛。如图 5-9（b）所
示，本研究选取了 20 个平均丰度大于 1% 的菌属，构建了每个样品中固氮菌的分布状况。
Burkholderia 仍为各样品中的优势菌属（5.13%～70.92%），但显然所占比例较 7 月有所下
降。而 *Bradyrhizobium* 在样品间的分布及比例显著增加，其范围是 0.079%～55.49%。对
比图 5-8（b），相比于 *Geobacter* 和 *Frankia*，8 月样品中 *Methylomusa*（0.05%～10.50%）
和 *Azospirillum*（0.02%～6.97%）的分布更为广泛和丰富。

　　对此研究了样品间 OTUs 的相似性和相异性，利用 PCoA（主坐标分析）分析方法，
选取了 24 个相对丰度大于 0.5% 的 OTUs，分别在不同的影响因子下，即叶、茎和根
之间；采样海拔（170m、160m 和 150m）之间；采样时间（7 月和 8 月）之间，计
算 OTUs 在样本中的贡献度，从而形成样本间的聚类关系，进一步判断样品分组间的相似
性和相异性。使用 R Studio（Vegan）辑程包，绘制 PCoA 图，如图 5-10 所示。此外，根
据 OTUs 在样本内的相对丰度数据，并使用 TBtools 软件绘制热图，并对行数据进行标准
化处理，以及样本间（列）、OTUs 间（行）的聚类分析，结果如图 5-11 所示。

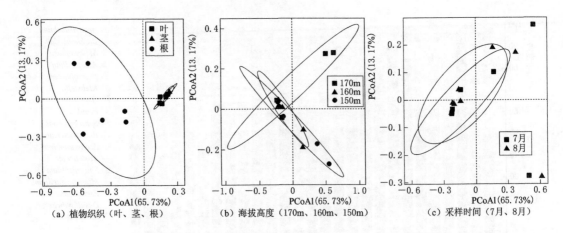

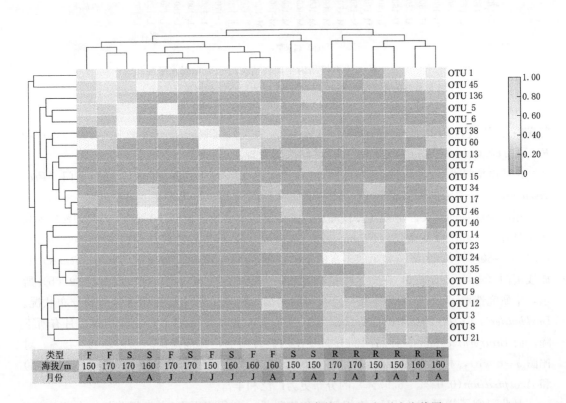

图 5-10　植物样本中 $nifH$ 基因测序的 PCoA 分析

图 5-11　植物样本内 $nifH$ 基因测序的 OTUs 相对丰度热图

（F、S、R 分别表示叶、茎、根样本；170、160、150 分别表示样本的三个采样海拔；

J、A 分别表示采样时间 7 月和 8 月）

　　显而易见的是，固氮菌群落组成仅在狗牙根植物根组织与叶、茎组织间存在显著差异 ［图 5-10（a）］，但在狗牙根植物叶组织和茎组织间、不同的海拔梯度间以及采样的时间等方面没有显著差异（图 5-10），这从图 5-11 中样本列的聚类情况中也可以反映。由于

OTUs 相对丰度数据经过行标准化处理，因此，图 5-11 只能分析同一个 OTU 在样本间的分布模式而不能比较同一个样本内不同 OTUs 的分布特性。图 5-10 表明，来自根组织的样本可以和叶与茎很好地分离，而叶与茎之间不能分离出来。对于大部分样本，OTU 1 是最主要且相对丰度最高的，但其在叶和茎组织样本中的相对丰度更高，而在根样本中则较低。OTUs 在不同植物组织样本中的相对丰度表现出较大的差异性，OTU 1、OTU 45、OTU 136 等在叶和茎样本中的相对丰度明显大于根组织，而 OTU 8、OTU 18、OTU 24 等在根样本中呈现更大的相对丰度。

5.2.5 内生固氮菌系统发育

本研究在测序获得的 3370 个 OTUs 选取了 74 条最丰富（占 $nifH$ 序列 80.07%）且具有代表性的 $nifH$ 基因序列，同时，对于这些序列分别在 Genebank 上挑取了 53 个相似性高的基因序列作为参考。将一共 127 条序列在 Mega-X(5.0) 软件中使用 Clustal W 序列比对方法将得到的序列进行对齐，后以最大似然法（maximum likelihood method）构建系统发育树。将得到的树文件上传至 iTOL 在线网站（https：//itol.embl.de/）以及 Adobe Illustrator（2021）进行美化调整，结果如图 5-12 所示。

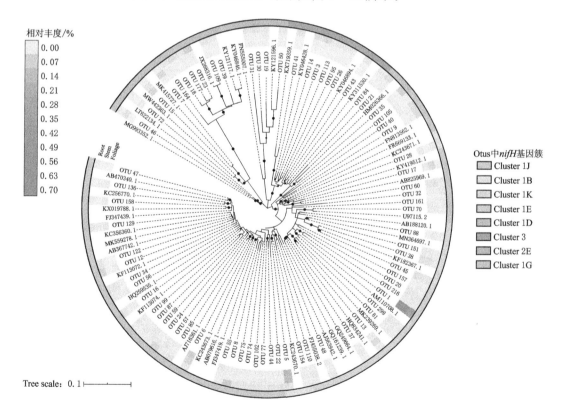

图 5-12　狗牙根植物组织代表性 $nifH$ 序列和 Genbank 参考序列的系统发育树（最大似然法）

（圆点表示经过 1000 次 bootstrap 分析后，置信度达到 50% 以上的分支。热图表示测序得到的 OTUs 在叶、茎、根中的相对分布）

根据 Zehr 等人整理定义的 $nifH$ 基因图谱（Zehr et al.，2003），图 5 - 12 系统发育树可分为 8 个 cluster（由彩色的分支以及外部条带表示），分别是 Cluster 1J、Cluster 1B、Cluster 1K、Cluster 1E、Cluster 1D、Cluster 2E、Cluster 3 和 Cluster 1G。总体而言，$nifH$ 序列分析显示大部分 OTUs 都属于变形菌的 α、β、γ 变体，因此 Cluster 1 是最丰富的 $nifH$ 簇。对 Cluster 1 的 $nifH$ 基因进行进一步区分，可以发现，其中 OTUs 相对丰度最高的是 Cluster 1K 和 Cluster 1J，分别占总相对丰度的 40.69% 和 15.59%。测序得到的 OTUs 可聚为多种固氮菌的簇，其中 OTU 70、OTU 37 等与 *Burkholderiales* 具有较高的相似性（95%～99%），可聚类为 Cluster 1K。而 OTU 136、OTU47 及 OTU6 等与 *Bradyrhizobium* 具有较高的相似性（94%～100%），因此可聚类为 Cluster 1J。另外，Cluster 1B 与 *Nostocales* 有着密切关系；Cluster 1E 与 Bacillus 联系紧密；*Frankia* 是 Cluster 1D 中最主要的固氮菌；而 *Enterobacte* 在 Cluster 1G 中占有大量的比例。不同于主要的簇 Cluster 1，OTU 30、OTU 31 等由于与 *Desulfarculus* 有一定的相似性（80%～86%），因此被聚类为 Cluster 2E。最后，根据序列的相似性将 OTU3 等以厌氧菌（*Anaeromyxobacter*）聚类为 Cluster 3。另外，根据图 5 - 12 的外圈热图不难发现，OTU 1 的相对丰度在狗牙根叶、茎和根植物组织里为最高，其次是 OTU 5 和 OTU 6，说明了 OTUs 在菌属分布上的多样性及分散性。

5.2.6　内生固氮菌的共生模式

本研究选取了 205 个相对丰度达到 0.05% 的 OTUs 进行固氮菌互作模式分析，205 个 OTUs 经过 R 语言"SpiecEasi"辑程包的相关性和差异性分析后，保留 198 个 OTUs($r>$ 0.3 或 $r<-0.3$，$P<0.05$），将得到的"边数据"和"节点数据"表格导入 Gephi（v0.9.2）软件中绘制网络图，如图 5 - 13 所示。

在固氮菌群落网络图中，共有 198 个节点产生了 960 条交互链接。显然，所有 OTUs 之间的相关性主要为正相关，其中，有 807 条 OTUs 之间呈正相关的交互链接，占总数的 84.06%，而另外 153 条链接则为负相关（15.94%）。根据表 5 - 1，在所划分的 8 个 Cluster 中，Cluster 1B 的 average degree 最高，为 12.63，Cluster 1J（10.45）和 Cluster 1D(10.00) 次之，最低的是 Cluster 2E，average degree 为 6.37。根据惯例，可将 degree 大于 10 的节点定义为枢纽节点，则共有 75 个节点满足要求，其中 Cluster 1J(25)、Cluster 1G(12) 和 Cluster 3(10) 分别拥有较多的枢纽节点。这表示了这三个固氮菌的 Cluster 在整体植物环境当中更为活跃，与其他菌属之间的互作关系更为强烈。之后分析了 960 条交互连接所发生的场所并发现，OTUs 之间大部分的联系均发生在不同的固氮菌分支间，这部分交互连接有 713 条，占比 74.27%，相反，另外只有 247 条（25.73%）交互连接发生在相同的固氮菌分支间。结合图 5 - 11，Cluster 1G 的节点的聚集度更高，即该进化分支 OTUs 的组内联系相对而言更加紧密。

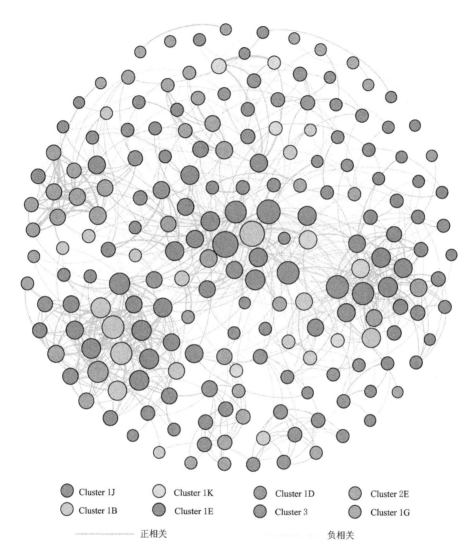

Cluster 1J   Cluster 1K   Cluster 1D   Cluster 2E
Cluster 1B   Cluster 1E   Cluster 3   Cluster 1G

——————— 正相关   负相关

图 5-13   狗牙根植物内生固氮菌的生态网络图

(图中圆形节点代表不同的 OTUs，其颜色表示聚类为不同的 Cluster，节点大小表示每个
OTUs 与其余 OTUs 之间的链接程度，灰色和黄色的连接线分别表示 OTUs 之间呈正相关
和负相关，两个节点之间连接线的粗细与其相关系数成正比）

表 5-1   固氮菌生态网络中的节点数和节点特征

节点特征	1J	1B	1K	1E	1D	3	2E	1G
节点数	65	19	7	26	7	28	19	24
平均度	10.45	12.63	9.85	9.12	10.00	9.39	6.37	9.17
枢纽节点（度＞10）	25	8	3	9	4	10	4	12
间距	244.54	253.03	323.62	168.25	163.26	201.38	58.04	155.40

5.3 讨 论

5.3.1 狗牙根内生固氮菌丰度分布差异

有研究表明，$nifH$ 基因在不同的自然环境中表现出多样化和差异化的特性，因而固氮微生物的群落丰度与结构也在此基础上表现出明显的差异（Zehr et al 2003）。基于近期的研究发现，环境因子对固氮菌群落的影响是不容忽视的。不同种类的固氮菌都有其最适宜生长的环境条件，在土壤环境当中，其物理化学性质会影响植物的生长健康和根系分泌物释放的类型，进而影响根际微生物群落的结构（Igiehon and Babalola，2018）。因此可以认为，土壤理化性质影响了土壤环境内的固氮菌群落，而固氮菌可以通过根系、自然孔口、伤口等方式侵入植物，从而实现土壤理化性质间接影响植物内生固氮菌群落。

本研究的 RDA 和 Spearman 相关性分析结果表示，$NH_4^+ - N$、$NO_3^- - N$、SOM、TP、N：P 和含水率是影响狗牙根内生固氮菌最重要的因素。其中 $NH_4^+ - N$、$NO_3^- - N$ 与内生固氮菌丰度呈显著的负相关，这在邱文静等人的研究中发现了相同的规律（邱文静等 2021）。氮素是植物生长的关键元素，而 NH_3 作为生物固氮的最终产物，其含量的高低会影响固氮菌的固氮酶活性和固氮菌丰度。由于植物根系对于 NH_3 的吸收利用，因此，土壤中更高的 NH_3 会导致植物体内所吸收的更多，从而对内生固氮菌生物固氮的需求下降，进而导致内生固氮菌丰度和活性下降（Wang et al.，2018；Dellagi et al.，2020）。另外，结合 Wang 等人关于氮素和固氮菌群落的研究，可以得出，$NH_4^+ - N$、$NO_3^- - N$ 等无机氮的富集通常会降低固氮菌的丰度和活性（Wang et al.，2017）。蔡树美等人发现了影响土壤固氮菌群落最重要的正相关因素是 SOM（蔡美树等，2017），然而本研究的结果却显示 SOM 与 $nifH$ 基因丰度呈负相关，与之相悖。因为固氮菌进行的生物固氮过程需要消耗能量，因此，更高的 SOM 可以为更多的固氮菌提供固氮作用的底物（Chen et al.，2019）。但是本研究中，可能受到 $NH_4^+ - N$、$NO_3^- - N$ 等氮素强烈的影响，而导致 SOM 反而抑制了固氮菌群落的生长发育。

生物固氮需要通过固氮酶在大量三磷酸腺苷（ATP）提供能量的条件下催化进行，同时，构建固氮菌细胞组织也需要磷元素的参与（Brown et al.，2016；Dynarski and Houlton，2018），因此磷元素的含量会对内生固氮菌 $nifH$ 基因丰度产生影响。在本研究中，TP 与固氮菌 $nifH$ 基因丰度呈正相关关系，即证明了磷对于固氮菌群落的正向影响。最后，土壤含水率也和 $nifH$ 基因丰度呈现显著正相关，这与 Hu 等人的研究结果一致（Hu et al.，2018），并在很多先前的研究中被证实（Rousk et al.，2015）。

基于内生固氮菌 $nifH$ 基因丰度在叶、茎和根植物组中的分布，不难发现，内生固氮菌 $nifH$ 基因丰度在叶中最多，其次是根，在茎中则最少。因此，本研究证明了三峡库区消落带典型植物狗牙根体内固氮菌分布较为广泛。一般来说，细菌丰度在根部较大，而在茎和叶中则较少（Prakamhang et al.，2009），但在本研究的结果中，叶组织的固氮菌丰度最大。现有研究表明，植物内生固氮菌大部分是从根中侵入，进而转移到茎和叶中（王玉虎等，2022），如此固氮菌丰度在狗牙根植物中的分布应该是根最高，其次是叶和茎。但是另外有研究表明叶绿素 a 的水平可以作为评价微生物光合活性的指标（Darcy et al.，2018），而 Islam 和 Alfaro 等人的研究表明，叶绿素 a 的含量和内生固氮菌的丰度有一定正相关的联系（Islam et al.，2013；Alfaro et al.，2020），结合狗牙根的匍匐生长特性（黄俣晴等，2021），叶比茎接触到更多的光照，产生大量叶绿素，而根部接触不到阳光无法产生叶绿素。因此，叶片在强光合作用下积累了更多固氮作用的底物，为叶片中内生固氮菌提供更好的生长环境。

不仅如此，狗牙根内生固氮菌丰度在 7 月和 8 月采样时间上也存在显著的差异，表现为 7 月 $nifH$ 基因丰度在叶、茎、根植物组织中均低于 8 月。查阅中国气象网上，重庆市巫山县 7 月和 8 月的月总降水量和月平均温度，可以发现，7 月的月平均温度为 26.2℃，高于 8 月的 25.3℃，而 7 月总降水量为 177.4mm，远小于 8 月的240.9mm。Butterwick 等人在研究中中发现，25℃是最适合固氮菌生长发育的温度（Butterwick et al.，2005）。此外，结合含水率对 $nifH$ 基因丰度的正向影响，由此分析，8 月狗牙根内生固氮菌丰度大于 7 月可能是由于 8 月更高的降水量及更适宜固氮菌生长发育的温度。

5.3.2 内生固氮菌群落分布差异

本研究首次采用高通量测序技术对大量生长于三峡水库消落带的狗牙根植物内生固氮菌群落及其多样性进行研究，共获得 2153358 条有效序列，按照 95% 的相似度，可将其聚为 3370 个 OTUs。经分析归属于 8 个门、17 个纲、27 个目、55 个科和 77 个属。

总的来说，本研究从三峡水库消落带狗牙根体内提取 DNA 后，测序得到的固氮菌大部分都聚类为 Cluster 1，属于变形菌门。而在 Cluster 1 中，Cluster 1J 的分布最广，其次是 Cluster 1K 和 Cluster 1G。它们分别属于 α-变形菌纲（*Alphaproteobacteria*）、β-变形菌纲（*Betaproteobacteria*）和 γ-变形菌纲（*Gammaproteobacteria*）。大量的固氮菌来自于 α-变形菌纲，许多文献报道，陆地环境中的主要固氮菌通常属于 α-变形菌的 *Bradyrhizobium*（慢生根瘤菌属）（Berthrong et al.，2014；Wang et al.，2017）。本研究中，大致有 1/3 的狗牙根内生固氮菌与 *Bradyrhizobium* 有较大的相似性，均被聚类为 Cluster 1J，如图 5-13 所示。Htwe 等人以 *Bradyrhizobium* 为生物肥料，通过盆栽实验研究了其对绿豆和大豆的促生长作用，结果表示 *Bradyrhizobium* 生物肥料显著促进了植物的生长和固氮速率（Htwe et al.，2019）。另外有学者在甘蔗根中分离出了 *Bradyrhizobium*，并通过 ARA 乙炔还原法鉴定了其具有固氮酶活性（Matos et al.，2021）。

在 Cluster 1K 中，能够检测到最多的菌属是 *Burkholderia*（伯克氏菌属），属于 β-变形菌纲。*Burkholderia* 具有独特的多功能性和对各种生态位的适应性，在植物根际固氮、植物内共生固氮以及豆科植物根瘤固氮等方面表现出了较大的固氮活性（Mannaa et al.，2019）。近些年的研究在不同的植物体内发现了很多 *Burkholderia* 菌种，并证明了其固氮的属性以及促生长的能力。Baghel 等人在玉米根中分离出 *Burkholderia* sp. FDN2-1，并证明其具有固氮、溶磷、溶钾和产生吲哚乙酸等功能，且可以提高玉米幼苗的根长和干重

(Baghel et al.，2020)。*Burkholderia* sp. Nafp2/4 - 1b(＝SARCC - 3049) 菌种在南非原始草原的根际分离得到后，有学者验证了其对玉米和豆科牧草根瘤的促生作用 (Hassen et al.，2021)。很早就有学者证明，γ-变形菌是热带和亚热带海洋异养固氮微生物群落的重要组成部分 (Bird et al.，2005)。在最近对于 γ-变形菌的研究当中，在更多的生态位上发现了 γ-变形菌。Moynihan 等人在位于赤道附近的新加坡 Pulau Hantu 和 Kusu Island 海域珊瑚礁上发现了大量具有固氮活性的 γ-变形菌 (Moynihan et al.，2022)；Karthikeyan 等人在被原油污染的沿海沉积物中首次发现了新的 γ-变形菌属 "Candidatus Macondimonas diazotrophica"(Karthikeyan et al.，2019)，这些新的发现再次验证了其在海洋生态系统中的优势地位。本研究发现，OTU 15、OTO 46 等与 *Enterobacter* 有较大的相似性，归属于 γ-变形菌。

此外，还发现属于 δ-变形菌 (*Deltaproteobacteria*) 的 *Geobacter* 菌属也在狗牙根内生固氮菌群落中占有一定的比例。*Geobacter* 是严格厌氧的异养微生物 (Jing et al.，2022)，且几乎所有 *Geobacter* 都已被证明含有固氮酶编码基因 (Röling，2014)，在本研究的系统发育中聚类为 Cluster 3。放线菌门中，*Frankia* 菌属广泛存在于各狗牙根植物部分内。研究表明，*Frankia* 和木麻黄等植物的共生固氮是植物在各种条件下生存生长的重要条件 (Sayed，2011)。*Desulfovibrio* 菌属属于 δ-变形菌，是耐性厌氧微生物 (Amrani et al.，2014)，研究表明，*Desulfovibrio* 的固氮能力在菌种之间非常普遍 (Blumenberg et al.，2012)。

总的来说，狗牙根植物内生固氮菌群落组成和多样性十分丰富，在叶、茎和根植物部分之间存在一定差异，但是根据测序得到的 OTUs 序列及其与 NCBI 基因数据库中相似序列的比对情况，对此判断狗牙根内生固氮菌具有一定的固氮酶活性，能够固定大气中的 N_2，转化为植物、细菌生长发育所需氮素。

5.3.3　内生固氮菌共生模式

近年来，共现网络分析因其可以探索微生物群落成员之间的相关性及相互作用，而被越来越多的学者使用 (Weiss et al.，2016)。所得到的网络图不是节点的随机组合，而是作为内生固氮菌的栖息地网络，在植物和土壤理化性质之间的复杂互作模式中具有独特的功能与意义 (Lee et al.，2019)。有研究报道表明，固氮菌在温带森林土壤生态系统中比热带森林土壤生态系统表现出更复杂、联系更紧密的微生物共现网络，得到结果证明固氮菌的共现网络主要受温度调节，其次是植物多样性、纬度、土壤中的氮素和降水 (Tu et al.，2020)。由此可以解释本研究得到的狗牙根内生固氮菌共现网络所呈现的复杂网状结构及其之间强烈的相互作用关系。

本研究关注于种群间和种群内的相互作用关系，对比发现狗牙根内生固氮菌种群间的相互作用强于种群内部，根据以往的报道发现，网络的复杂性越高，就越能抵御环境变化带来的压力，因为不同的物种间可以相互协作相互依赖 (Banerjee et al.，2019)。另外，内生固氮菌种群间正相关作用显著大于负相关作用，表示种群间的合作大于竞争，例如不同分类种群的细菌之间可能会合作建立生物膜、物种之间交换代谢产物、也包括生态位重叠和物种的共同进化等 (Faust and Raes，2012)。Cluster 1J 是共现网络中的核心内生固氮菌，其节点数、节点间的平均距离以及枢纽节点数都是最多的。其中 *Bradyrhizobium* 为 Cluster 1J 最主要的菌属，由于具有较高的生态适应性，可以在多变的消落带环境中形成自己的稳定生态位，从而作为核心连接点联系起其他菌属。

5.4　本　章　小　结

（1）内生固氮菌的侵入模式与叶更活跃的光合作用及更长时间的光照，导致其细菌丰度在狗牙根叶中为最高。另外相较于 7 月，8 月样品由于研究区域更适宜的平均温度和更高的总降水量，促进了内生固氮菌的生长发育，表现为 8 月狗牙根内生固氮菌丰度大于 7 月。土壤理化指标也是影响内生固氮菌丰度的驱动因子。狗牙根内生固氮菌丰度和 $NH_4^+ - N$、$NO_3^- - N$、SOM 等土壤理化性质呈显著的负相关，而与 TP、含水率等指标呈显著的正相关关系。

（2）狗牙根内生固氮菌具有丰富的多样性，其中变形菌门为主要的优势菌属，厚壁菌门、放线菌门次之。根据系统发育分析，Cluster 1J、Cluster 1K、Cluster 1G 为主要的分支，均属于变形菌门。在属水平上，*Bradyrhizobium*、*Burkholderia*、*Geobacter*、*Frankia*、*Desulfovibrio* 等菌属在植物样本内有更高的相对丰度，处于优势地位。狗牙根内生固氮菌的不同菌属之间具有深度的协同关系，通过构建复杂的共生互作网络系统，来抵抗环境扰动的影响。同时菌种间的相互协作模式使得狗牙根内生固氮菌群落对环境压力更具弹性，从而适应三峡库区复杂多变的消落带环境。

参　考　文　献

蔡树美，徐四新，张翰林，等 . 2017. 滩涂土壤固氮菌群落与环境因子的典范对应分析 [J]. 土壤，49
　（6）：1159 - 1165.

黄俣晴，陈婷婷，李勇，等 . 2021. 流域沟渠植草拦截农田氮磷入河污染的有效性研究 [J]. 植物营养与
　肥料学报，27（11）：1993 - 2000.

李姗泽，邓玥，施凤宁，等 . 2019. 水库消落带研究进展 [J]. 湿地科学，17（6）：689 - 696.

王玉虎，赵明敏，郑红丽 . 2022. 植物内生固氮菌及其固氮机理研究进展 [J]. 生物技术进展，12（1）：
　17 - 26.

邱文静，栾璐，郑洁，等 . 2021. 秸秆还田方式对根际固氮菌群落及花生产量的影响 [J]. 植物营养与肥
　料学报，27（12）：2063 - 2072.

钱进 . 2020. 圆褐固氮菌与狗牙根联合固氮研究 [D]. 扬州：扬州大学图书馆 .

刘天增，毛中伟，李凤娇，等 . 2014. 狗牙根内生固氮菌的分离鉴定 [J]. 草业科学，31（7）：
　1254 - 1260.

叶飞 . 2018. 三峡库区消落带土壤氮循环关键过程微生物群落特征研究 [D]. 北京：中国科学院大学图书
　馆 .

Amrani A，Bergon A，Holota H，et al. 2014. Transcriptomics Reveal Several Gene Expression Patterns in
　the Piezophile Desulfovibrio hydrothermalis in Response to Hydrostatic Pressure [J]. Plos One，9
　（9）：e106831.

Baghel V，Thakur J K，Yadav S S，et al. 2020. Phosphorus and Potassium Solubilization from Rock Minerals by Endophytic Burkholderia sp. Strain FDN2 – 1 in Soil and Shift in Diversity of Bacterial Endophytes of Corn Root Tissue with Crop Growth Stage [J]. Geomicrobiology Journal, 37 (6): 550 – 563.

Banerjee S, Walder F, Büchi L, et al. 2019. Agricultural intensification reduces microbial network complexity and the abundance of keystone taxa in roots [J]. ISME J 13: 1722 – 1736.

Berthrong S T, Yeager C M, Gallegos – Graves L, et al. 2014. Nitrogen Fertilization Has a Stronger Effect on Soil Nitrogen – Fixing Bacterial Communities than Elevated Atmospheric CO_2 [J]. Applied and Environment Microbiology, 80 (10): 3103 – 3112.

Bird C, Martinez Martinez J, O'Donnell A G, et al. 2005. Spatial distribution and transcriptional activity of an uncultured clade of planktonic diazotrophic gamma – proteobacteria in the Arabian sea [J]. Applied and Environment Microbiology. 71 (4): 2079 – 2085.

Blumenberg M, Hoppert M, Krüger M, et al. 2012. Novel findings on hopanoid occurrences among sulfate reducing bacteria: is there a direct link to nitrogen fixation? [J]. Organic Geochemistry, 49: 1 – 5.

Brown K A, Harris D F, Wilker M B, et al. 2016. Light – driven dinitrogen reduction catalyzed by a CdS: nitrogenase MoFe protein biohybrid [J]. Science, 352 (6284): 448 – 450.

Butterwick C, Heaney S I, Talling J F. 2005. Diversity in the influence of temperature on the growth rates of freshwater algae, and its ecological relevance [J]. Freshwater Biology, 50 (2): 291 – 300.

Chen J, Shen W, Xu H, et al. 2019. The composition of nitrogen – fixing microorganisms correlates with soil nitrogen content during reforestation: a comparison between legume and non – legume plantations [J]. Frontiers in microbiology, 10: 508.

Darcy J L, Schmidt S K, Knelman J E, et al. 2018. Phosphorus, not nitrogen, limits plants and microbial primary producers following glacial retreat [J]. Science advances, 4 (5): eaaq0942.

Htwe A Z, Moh S M, Soe K M, et al. 2019. Effects of biofertilizer produced from Bradyrhizobium and Streptomyces griseoflavus on plant growth, nodulation, nitrogen fixation, nutrient uptake, and seed yield of mung bean, cowpea, and soybean [J]. Agronomy, 9 (2): 77.

Mannaa M, Park I, Seo Y S. 2018. Genomic features and insights into the taxonomy, virulence, and benevolence of plant – associated Burkholderia species [J]. International journal of molecular sciences, 20 (1): 121.

Poly F, Monrozier L J, Bally R. 2001. Improvement in the RFLP procedure for studying the diversity of nifH genes in communities of nitrogen fixers in soil [J]. Research in microbiology, 152 (1): 95 – 103.

Prakamhang J, Minamisawa K, Teamtaisong K, et al. 2009. The communities of endophytic diazotrophic bacteria in cultivated rice (Oryza sativa L.) [J]. Applied Soil Ecology, 42 (2): 141 – 149.

Zehr J P, Jenkins B D, Short S M, et al. 2003. Nitrogenase gene diversity and microbial community structure: a cross - system comparison [J]. Environmental microbiology, 5 (7): 539 – 554.

第6章 结论与展望

水库因拦截作用改变了流域元素循环，也因淹没破坏原有消落带生态系统而导致消落带土壤和植被格局发生重大变化。水库消落带是由水库蓄水或泄洪而使土地周期性被水淹没或出露水面的特殊区域，消落带具有特殊的能量交换、物质循环和生态格局动态特征，从而成为对水库工程安全（如岸线稳定、地质灾害）和水生态环境演化（水质安全、水生态健康）具有重要作用的"生态交错区（ecotone）"，是当前水库生态环境保护研究与可持续性管理实践的关注热点。

本研究采用理论分析、野外监测及实验室分析相结合的方法，以三峡典型库区消落带为研究区，以消落带植物群落与库区水位波动为切入点，探寻水位涨落影响下消落带土壤理化性质和植被的特征差异，并且探究引起这些差异的影响因素。阐明了三峡典型库区大宁河消落带土壤理化性质的分布规律；辨识了三峡典型库区消落带的植被分布格局；揭示了影响消落带不同高程梯度植物形态特征的主要土壤环境因子；识别了不同水位影响下的狗牙根植物不同构件中的总氮、总磷等分布规律，有效阐释了水位变化对植物分解后的纤维素、半纤维素和木质素的分布规律。为科学保护与修复三峡消落带生态系统、为我国水库水质安全及流域生态文明建设的可持续发展提供了有效支撑。

6.1 主要结论

6.1.1 消落带文献综述

通过对 2008—2020 年期间发表的有关水库消落带研究的论文内容进行了系统总结和分析，文献综述结果表明，2008—2020 年有关水库消落带研究的论文发表数量快速增加，早期研究以水库岸线稳定、水库工程安全问题为侧重点，新的研究则注重于水库消落带生态系统功能和健康，水库消落带的变化机制受到广泛关注，水库消落带植被抗逆演替及格局动态、消落带物质循环的生物地球化学过程、消落带土壤（沉积物）的环境微生物作用、消落带生态格局与水库水质动态的互馈影响关系等问题成为研究前沿。未来，在水库消落带植被抗逆演替、干湿交替环境物质循环的微生物作用、消落带生态系统自组织完善、消落带与流域生态格局演化的协同发展等方面，还有待加强理论研究。

6.1.2　消落带土壤环境特征

三峡冬蓄夏排的水位周期变动下对消落带土壤理化性质也会存在一定的扰动。通过野外监测及实验室检测，结果显示：

（1）消落带表层土壤含水率较低，而深层土壤含水率较高。在高程 150～155m 处的消落带表层土壤含水率大于较高高程处的表层土壤含水率。消落带不同高程梯度下的分层土壤容重均呈现出表层土壤容重低于深层土壤容重的现象，而土壤孔隙度恰好与土壤容重的规律相反。消落带不同高程梯度下的分层土壤有机质和有机碳含量均呈现随着土壤深度加深而减少的趋势。消落带不同高程梯度下的土壤电导率变化范围为 0.08～2.61μS/cm，土壤温度的变化范围为 25.1～43.4℃。土壤 pH 的变化范围为 5.8～8.1，其中黄棕壤（pH 为 5.8～8.1）为酸性土、中性土和碱性土，而紫色土（pH 为 6.9～8.1）为中性土和碱性土。

（2）大宁河消落带不同高程梯度下的分层土壤总氮变化范围为 0.41～2.61mg/kg，总磷的变化范围为 190.46～1168.70mg/kg。表层土壤总氮、总磷含量高于深层土壤总氮、总磷含量。从磷分级结果可以看出土壤的主要部分是 rest－P 和 NaOH－P，随深度增加 rest－P 呈现降低趋势。沉积物剖面主要磷形态为 NaOH－P、Ca－P 和 rest－P，且都随深度的增加含量增加。

（3）大宁河消落带土壤容重和土壤孔隙度呈显著负相关关系（$r=-1.00$，$P<0.01$）；土壤 pH 与土壤 $NH_4Cl－P$（$r=0.60$，$P<0.01$）、$BD－P$（$r=0.40$，$P<0.05$）、$Ca－P$（$r=0.66$，$P<0.01$）呈显著正相关关系。消落带土壤 $NH_4Cl－P$ 分别与 $BD－P$（$r=0.45$，$P<0.01$）、$Ca－P$（$r=0.56$，$P<0.01$）、TP（$r=0.44$，$P<0.01$）呈显著正相关关系。土壤 $BD－P$ 与 $Ca－P$（$r=0.44$，$P<0.01$）、TP（$r=0.38$，$P<0.05$）呈显著正相关关系。土壤 $NaOH－P$ 与 $rest－P$（$r=0.33$，$P<0.05$）呈显著正相关关系，$Ca－P$ 与 TP（$r=0.52$，$P<0.01$）呈显著正相关关系。

6.1.3　消落带狗牙根植物形态特征及其驱动因素

通过野外调查监测及分析，结果显示，大宁河消落带高程 145～165m 下的主要优势植物物种为狗牙根，偶见香附子和苍耳；在高程 170m 及其以上则植物多样性较高，除了上述几种还有野胡萝卜、豚草、小蓬草、马唐、大狼耙草、牡荆、黄香草木樨、菵草、狗尾草等。多为一年生和多年生草本植物，在消落带较高的高程梯度上，会有灌木、乔木以及农田等分布。

大宁河黄棕壤消落带和紫色土消落带同样高程梯度下的植物生物量和形态指标并无显著差异。大宁河不同高程梯度下的狗牙根直立茎长、分株数、平均节间长、植物高度和一级匍匐茎长存在显著差异性。

大宁河消落带不同高程梯度下的植物生物量存在显著差异性（$F=10.632$，$P<0.001$），从高程 145m 至 180m 处，植物生物量呈现随高程的增加先上升后下降的趋势，并且在高程 160m 处达到最大值，为（1245.68±208.16）g/cm²。植物生物量在高程 180m 处达到最低值，为（336.03±40.79）g/cm²。大宁河消落带狗牙根植物生物量与土壤 TN

含量呈显著正相关关系（$F=5.07$，$P<0.05$），植物生物量与消落带高程呈显著负相关关系（$F=4.30$，$P<0.05$），而与淹没时长呈显著正相关关系（$F=4.91$，$P<0.05$）。

狗牙根的植物形态特征与环境因子存在一定的相关关系。狗牙根的植物高度与其直立茎长呈显著正相关关系（$r=0.95$，$P<0.001$），而与其一级匍匐茎长（$r=-0.44$，$P<0.05$）呈显著负相关关系。狗牙根的直立茎长与土壤含水率呈显著负相关关系（$r=-0.48$，$P<0.05$）。狗牙根的植物高度与土壤含水率呈显著负相关关系（$r=-0.47$，$P<0.05$），并且与土壤残余有机磷也呈现负相关关系（$r=-0.41$，$P<0.05$）。

土壤含水率与狗牙根直立茎长（$r=-0.48$，$P<0.05$）和植物高度（$r=-0.47$，$P<0.05$）呈显著负相关关系。狗牙根植物高度与残余有机磷呈显著负相关关系（$r=-0.41$，$P<0.05$）。土壤含水率与土壤 pH（$r=-0.49$，$P<0.05$）、土壤 NH_4Cl-P（$r=-0.50$，$P<0.001$）、土壤 $BD-P$（$r=-0.45$，$P<0.05$）、高程（$r=-0.61$，$P<0.001$）均呈现显著负相关关系，土壤含水率与淹没时长天数呈显著正相关关系（$r=0.61$，$P<0.001$）。

6.1.4 水淹对狗牙根植物构件元素含量的影响

根据野外调查监测及分析结果显示，三峡典型库区大宁河黄棕壤消落带和紫色土消落带同样高程梯度下的狗牙根植物根、茎、叶中的总氮、总磷含量不存在显著差异，狗牙根植物茎叶中的纤维素、半纤维素和木质素的含量并无显著差异。

大宁河消落带不同高程梯度下的狗牙根植物根、茎、叶中的总氮含量存在显著差异性（$F=6.236$，$P<0.001$），不同高程梯度下的狗牙根植物的总氮含量为叶＞根＞茎；不同高程的消落带狗牙根植物的叶、根、茎的平均总氮含量依次为 $1.02\%\pm0.13\%$（干重）、$0.70\%\pm0.39\%$（干重）、$0.54\%\pm0.05\%$（干重）；并且从高程 145m 处到 170m 处，叶中的总氮含量呈现逐步减少的趋势，具有显著差异性，变化范围为 $1.35\%\pm0.09\%$（干重）到 $0.78\%\pm0.08\%$（干重）。

大宁河消落带不同高程梯度下的狗牙根植物根、茎、叶中的总磷含量存在显著差异性（$F=2.578$，$P<0.05$），不同高程梯度下的狗牙根植物根中的总磷含量小于茎和叶中的总磷含量；不同高程的消落带狗牙根植物的根、茎、叶的平均总磷含量依次为 $0.17\%\pm0.01\%$（干重）、$0.24\%\pm0.02\%$（干重）、$0.24\%\pm0.03\%$（干重）。

大宁河消落带不同高程梯度下的狗牙根植物茎叶中的纤维素（$F=2.031$，$P=0.106$）、半纤维素（$F=1.740$，$P=0.159$）、木质素（$F=1.297$，$P=0.295$）不存在显著差异性。不同高程的消落带狗牙根植物的茎叶的平均纤维素、半纤维素、木质素含量依次为 $23.75\%\pm1.21\%$（干重）、$29.71\%\pm1.11\%$（干重）、$9.25\%\pm0.66\%$（干重）。

随着消落带高程的增加，狗牙根植物叶中的总氮和总磷可能迁移到了根中。

6.1.5 狗牙根存在额外的固氮机制

水利水电工程极大地改变了流域生态环境格局和氮循环过程。目前，三峡水库消落带以多年生抗逆植物狗牙根为主。长期干湿交替造成消落带土壤氮淋失严重，植物狗牙根抗逆生存策略是否存在特殊的氮利用增强和氮补偿机制尚缺乏验证。本研究首次发现三峡水库消落带狗牙根植物存在内生固氮菌。植物叶片内生固氮菌的细菌丰度最高。内生固氮菌丰度与土壤 $NH_4^+ - N$，$NO_3^- - N$，和 OM 呈显著负相关关系，与土壤 TP 和含水率呈显著正相关关系。狗牙根内生固氮菌具有丰富的多样性，其中以变形菌门为优势属。菌种间的相互合作模式，使狗牙根内生固氮菌对环境压力的适应能力更强，从而适应了三峡水库消落带复杂多变的环境。因此，本研究证实了三峡水库消落带优势植物狗牙根存在额外的固氮机制。

6.2　主要创新点

通过理论研究、野外监测及实验室分析相结合的方法，阐明了三峡典型库区大宁河消落带土壤理化性质的分布规律；辨识了三峡典型库区消落带的植被分布格局；揭示了影响消落带不同高程梯度植物形态特征的主要土壤环境因子；识别了不同水位影响下的狗牙根植物不同构件中的总氮、总磷等分布规律，有效阐释了水位变化对植物分解后的纤维素、半纤维素和木质素的分布规律。首次证实了三峡水库消落带优势植物狗牙根群落存在额外的固氮机制，为深入理解流域氮循环提供新思路。为库区消落带保护与修复、为我国水库水质安全及流域生态文明建设的可持续发展提供有效支撑。

(1) 揭示了近 10 年三峡水库消落带土壤氮、磷的时空分布规律。消落带是位于水陆交错带的一种特殊生态系统。消落带土壤作为生态系统中氮、磷元素重要的"源"与"汇"，在生物地球化学循环研究中具有重要意义。本研究揭示了近 10 年三峡水库消落带土壤总氮、总磷的时空分布规律。结果表明：①高程分布上，当高程高于 155m 时，土壤 $w(TN)$（$0.75\sim1.17g/kg$）随着高程增加呈下降趋势，土壤 $w(TP)$ 未发生明显变化（$0.5\sim0.6g/kg$）。当高程低于 155m 时，土壤 $w(TN)$ 处于较低水平（$0.65\sim0.85g/kg$），但 $w(TP)$ 维持较高水平（$0.6\sim0.8g/kg$）；②时间分布上，消落带土壤 $w(TN)$ 整体呈现逐年递减的趋势，Pearson 相关性系数为 -0.64，但是 $w(TP)$ 没有明显变化；③地区分布上，三峡上游库区消落带土壤 $w(TP)$ 出现显著高值，下游库区 $w(TN)$ 出现显著高值。研究显示：不同高程土壤受植物残体分解等影响，在落干期 $w(TN)$ 上升，在浸没期向上覆水体释放 TN；水位调节导致的淹浸没强度变化对消落带土壤中 TN 产生溶淋作用，而对 TP 的影响较小；消落带上游地区应更关注土壤中高 $w(TP)$ 带来的环境风险，而消落带下游地区应更关注因水土流失和非点源输出导致的高 $w(TN)$ 所致环境风险。

(2) 阐明了三峡库区大宁河消落带水位波动下的土壤理化性质变化规律。消落带不同高程梯度下的分层土壤有机质和有机碳含量均呈现随着土壤深度加深而减少的趋势。消落带不同高程梯度下的土壤电导率变化范围为 $0.08\sim2.61\mu S/cm$，土壤温度的变化范围为 $25.1\sim43.4℃$，pH 的变化范围为 $5.8\sim8.1$。

大宁河消落带不同高程梯度下的分层土壤总氮变化范围为 $0.41\sim2.61mg/kg$，总磷的变化范围为 $190.46\sim1168.70mg/kg$。表层土壤总氮、总磷含量高于深层土壤总氮、总磷含量。从磷分级结果可以看出土壤的主要部分是 rest - P 和 NaOH - P，随深度增加 rest - P 呈现降低趋势。沉积物剖面主要磷形态为 NaOH - P、Ca - P 和 rest - P，且都随深度的增加含量增加。

（3）辨识了三峡典型库区消落带的植被分布格局，揭示了影响消落带不同高程梯度植物形态特征的主要土壤环境因子。大宁河消落带高程 145～165m 下的主要优势植物物种为狗牙根，偶见香附子和苍耳，在 170m 及其以上则植物多样性较高。大宁河消落带不同高程梯度下的狗牙根直立茎长、分株数、平均节间长、植物高度和一级匍匐茎长存在显著差异性。

大宁河消落带不同高程梯度下的植物生物量存在显著差异性（$F=10.632$，$P<0.001$），从高程 145m 至 180m 处，植物生物量呈现随高程的增加先上升后下降的趋势，并且在高程 160m 处达到最大值，为 $(1245.68\pm208.16)g/cm^2$。植物生物量在高程 180m 处达到最低值，为 $(336.03\pm40.79)g/cm^2$。大宁河消落带狗牙根植物生物量与土壤总氮含量呈显著正相关关系（$F=5.07$，$P<0.05$），植物生物量与消落带高程呈显著负相关关系（$F=4.30$，$P<0.05$），而与淹没时长呈显著正相关关系（$F=4.91$，$P<0.05$）。

狗牙根的植物形态特征与环境因子存在一定的相关关系。狗牙根的植物高度与其直立茎长呈显著正相关关系（$r=0.95$，$P<0.001$），而与其一级匍匐茎长（$r=-0.44$，$P<0.05$）呈显著负相关关系。狗牙根的直立茎长与土壤含水率呈显著负相关关系（$r=-0.48$，$P<0.05$）。狗牙根的植物高度与土壤含水率呈显著负相关关系（$r=-0.47$，$P<0.05$），并且与土壤残余有机磷也呈现负相关关系（$r=-0.41$，$P<0.05$）。

（4）识别了不同水位影响下的狗牙根植物构件中的氮磷元素迁移规律及茎叶中纤维素、半纤维素和木质素的分布规律。大宁河消落带不同高程梯度下的狗牙根植物根、茎、叶中的总氮和总磷含量存在显著差异性。不同高程梯度下的狗牙根植物的总氮含量为叶＞根＞茎；不同高程的消落带狗牙根植物的叶、根、茎的平均总氮含量依次为 $1.02\%\pm0.13\%$（干重）、$0.70\%\pm0.39\%$（干重）、$0.54\%\pm0.05\%$（干重）；并且从高程 145m 处到 170m 处，叶中的总氮含量呈现逐步减少的趋势，具有显著差异性，变化范围为 $1.35\%\pm0.09\%$（干重）到 $0.78\%\pm0.08\%$（干重）。不同高程梯度下的狗牙根植物根中的总磷含量小于茎和叶中的总磷含量；不同高程的消落带狗牙根植物的根、茎、叶的平均总磷含量依次为 $0.17\%\pm0.01\%$（干重）、$0.24\%\pm0.02\%$（干重）、$0.24\%\pm0.03\%$（干重）。

大宁河消落带不同高程的消落带狗牙根植物的茎叶的纤维素、半纤维素、木质素含量不存在显著差异性，其平均值依次为 $23.75\%\pm1.21\%$（干重）、$29.71\%\pm1.11\%$（干重）、$9.25\%\pm0.66\%$（干重）。随着消落带高程的增加，狗牙根植物叶中的总氮和总磷可能迁移到了根中。

（5）首次证实了三峡水库消落带优势植物狗牙根群落存在额外的固氮机制，为深入理解流域氮循环提供新思路。水利水电工程极大地改变了流域生态环境格局和氮循环过程。目前，三峡水库消落带以多年生抗逆植物狗牙根为主。长期干湿交替造成消落带土壤氮淋失严重，植物狗牙根抗逆生存策略是否存在特殊的氮利用增强和氮补偿机制尚缺乏验证。本研究首次发现三峡水库消落带狗牙根植物存在内生固氮菌。植物叶片内生固氮菌的细菌丰度最高。内生固氮菌丰度与土壤 NH_4^+-N，NO_3^--N 和 OM 呈显著负相关关系，与土壤 TP 和含水率呈显著正相关关系。狗牙根内生固氮菌具有丰富的多样性，其中以变形菌门为优势属。菌种间的相互合作模式，使狗牙根内生固氮菌对环境压力的适应能力更强，从而适应了三峡水库消落带复杂多变的环境。因此，本研究证实了三峡水库消落带优势植物狗牙根存在额外的固氮机制。

综上，通过本研究为我国水库水质安全及流域生态文明建设的可持续发展提供有效支撑。未来，在水库消落带植被抗逆演替、干湿交替环境物质循环的微生物作用、消落带生态系统自组织完善、消落带与流域生态格局演化的协同发展等方面，还有待加强理论研究。

6.3 存在问题与展望

我国流域水环境污染问题严峻，流域水生态系统中生物地球化学过程复杂，影响因素众多。本研究阐述了三峡库区典型消落带土壤及植被的特征差异，揭示了水位涨落影响下消落带土壤理化性质及植被形态特征的空间变换规律，为科学认知大型水库消落带生态系统的生态演变过程提供了基础依据。在此基础上，建议今后从以下几个方面进一步深入研究（图6-1）。

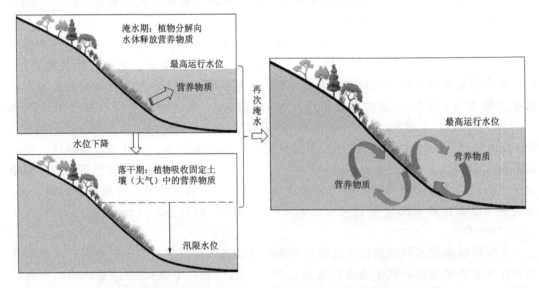

图6-1 消落带水位涨落情况下潜在的营养元素循环关键过程示意图

1. 水淹胁迫刺激消落带抗逆植物形成特殊的氮利用强化和补偿机制是否为普适性规律？

水位涨落会造成消落带土壤氮淋失，那么抗逆植物在反自然节律水位波动条件下，在氮贫瘠的环境中，会通过加强对土壤氮的吸收利用和富集能力来补充其对氮的需求，目前在三峡水库大宁河支流发现该逆境植物具有共生固氮微生物，那么其固氮的贡献率是多少？在三峡库区其他区域是否存在同类机制，除了狗牙根植物之外的其他植物物种，如牛鞭草、苍耳等是否也存在内生固氮菌？未来对以上问题的回答，均依赖于解决"消落带水淹胁迫是否可刺激抗逆植物形成特殊的氮利用强化和氮补偿机制"这一关键科学问题上。

2. 消落带植物群落逆向演替是否会形成消落带毗邻水域新的活性氮源？

消落带毗邻水域可以有多种氮源，如大气干湿沉降、人为排放和生物固氮等，那么消落带植物群落逆向演替造成的植被格局变化是否会改变了消落带毗邻水域的氮源？消落带逆向演替形成的禾本科植物群落是否具有比原陆生灌木等植物群落更强的分解速率及氮释放能力？水淹胁迫下抗逆植物分解对氮的释放是否形成了毗邻水体新的活性氮源？在不同水位涨落期、不同侵蚀、淤积和裸露岸段，植物分解对毗邻水体释放氮的贡献是多少？因此，未来对以上问题的回答，可以评价消落带逆境植物群落分解对氮素的贡献率，也可以系统地评估消落带植物群落逆向演替是否会形成毗邻水体新的活性氮源。

流域水生态环境健康问题，离不开对流域氮循环关键过程的探索，未来寻找"迷失的氮源"，将有助于为理解全球氮循环和实现流域氮污染控制提供科技支撑。